规模禽场实验室工作手册

主　编
张桂枝　靳双星

编著者
张桂枝　靳双星
姬向波　李新正

金盾出版社

内 容 提 要

本书内容包括：规模化禽场实验室工作基本技术，培养基的制备技术，细菌的分离培养及鉴定技术，抗菌药物的敏感性及消毒药的筛选试验，病毒的分离培养及鉴定技术，常用血清学检验技术，家禽常见细菌性疾病的实验室检测，家禽常见病毒病的实验室检测，其他微生物病的实验室检测，家禽常见寄生虫病的实验室检测，饲料及饮水中微生物的检测等。我国禽类养殖场规模化水平高，禽的疫病日趋复杂多变，对禽场效益影响巨大，因此规模化禽场实验室在疫情监测、检验中发挥着重要作用。本书内容全面，技术实用，操作性强，适合养禽场兽医技术人员和农业院校相关专业的师生参考。

图书在版编目(CIP)数据

规模禽场实验室工作手册/张桂枝，靳双星主编．—北京：金盾出版社，2013.10
ISBN 978-7-5082-8330-2

Ⅰ.①规…　Ⅱ.①张…②靳…　Ⅲ.①养禽场—实验室—工作—手册　Ⅳ.①S83-62

中国版本图书馆 CIP 数据核字(2013)第 083643 号

金盾出版社出版、总发行
北京太平路 5 号(地铁万寿路站往南)
邮政编码：100036　电话：68214039　83219215
传真：68276683　网址：www.jdcbs.cn
封面印刷：北京精美彩色印刷有限公司
正文印刷：北京万博诚印刷有限公司
装订：北京万博诚印刷有限公司
各地新华书店经销
开本：850×1168 1/32　印张：8.625　字数：208 千字
2013 年 10 月第 1 版第 1 次印刷
印数：1～7 000 册　定价：18.00 元

前　　言

随着我国养禽业的迅速发展，新的疫病不断出现，发病概率也逐年提高，并且混合感染和疾病的非典型化越来越多，随之禽病诊断遇到的新问题也越来越多，传统的模糊诊断已不能满足生产需要，疾病的确诊最后还要依靠实验室诊断。为此，我们在多位专家的指导下，广泛听取基层工作者的意见，并参阅国内外相关资料，结合多年的经验总结，编写了这本《规模禽场实验室工作手册》。

全书共十一章。其中第一章至第六章，为禽病实验室诊断技术，包括实验室工作基本技术、培养基的制备技术、细菌的分离培养及鉴定技术、抗菌药物的敏感性及消毒药的筛选试验；第七章至第十章为家禽常见病的实验室诊断，包括常见细菌性疾病的实验室诊断、病毒性疾病的实验室诊断、其他微生物病的实验室诊断和寄生虫病的实验室诊断；第十一章为饲料及饮水中微生物的检测。

本书适用于大中专院校师生、基层兽医人员、禽场禽病实验室检验工作者。由于时间仓促，编者水平有限，书中定有不足之处，恳请读者批评指正，以便修订。

编 著 者

目 录

第一章　规模禽场实验室工作基本技术

第一节　实验室的基本条件与结构

一、基本条件

禽病检验室通常包括实验室和无菌室(无菌室包括缓冲间和操作间)。这样划分并不是绝对的,可根据具体条件而定。对各室的共同要求是高度的清洁卫生,也就是要尽可能地创造无菌条件。为了达到这个目的,房屋的墙壁和地板、使用的各种柜具都要符合便于清洗的要求。另外,检验室还必须具备以下基本条件。

①光线明亮,但避免阳光直射室内;

②洁净无菌,地面与四壁平滑,便于清洁和消毒;

③空气清新,应有防风、防尘设备;

④要有安全、适宜的电源和充足的水源;

⑤具备整洁、稳固、适用的实验台,台面最好有耐酸碱、防腐蚀的黑胶板;

⑥显微镜及实验室常用的工具、药品应设有相应的存放柜。

二、无菌室的结构与要求

(一)无菌室的结构

无菌室通常包括缓冲间和操作间两大部分。为了便于无菌处理,无菌室的面积和容积不宜过大,以适宜操作为准,面积一般不超过 $10m^2$,不小于 $5m^2$,高度不超过 2.4m。缓冲间与操作间二者的比例可为 1∶2。操作间内设有固定的工作台、紫外线灯、空气过滤装置及通风装置;较为理想的应有空调设备、空气净化装置,以便在进行微生物操作时切实达到无尘无菌。操作间的门与缓冲间的门不应直对,力求迂回,减少无菌室内的空气对流,以便保持操作间的无菌条件。窗户应装有两层玻璃,以防外界微生物的进入。

(二)无菌室的要求

①无菌室内部装修应平整、光滑,无凹凸不平或棱角等,四壁及屋顶应用不透水之材质,便于擦洗及杀菌。

②无菌室应保持密封、防尘、清洁、干燥。

③无菌室、缓冲走廊及缓冲间均设有日光灯及供消毒空气用紫外线灯,杀菌紫外线灯离工作台以 1m 为宜,其电源开关均应设在室外。

④无菌室应保持清洁整齐,室内仅存放必需的检验用具,如酒精灯、酒精棉球、火柴、镊子、接种针、接种环、玻璃铅笔等。不要放与检测无关的物品。

⑤室内检验用具及桌凳等保持固定位置,不随便移动。

⑥每周用 2%石炭酸溶液或其他消毒药,如 0.1%新洁尔灭、75%乙醇、2%戊二醛水溶液等擦拭工作台、门、窗、桌、椅及地面,然后用 3%石炭酸溶液喷雾消毒空气,最后紫外线灯杀菌 30min。

⑦定期检查室内空气无菌状况,发现不符合要求时,应立即彻

底消毒灭菌。

⑧无菌室杀菌前，应将所有物品置于操作之部位（待检物例外），然后打开紫外线灯杀菌 30min，时间一到，关闭紫外线灯待用。

⑨进入无菌室前，必须于缓冲间更换经消毒的工作服、工作帽及工作鞋。

⑩操作应严格按照无菌操作规定进行，操作中少说话，不喧哗，以保持环境的无菌状态。

（三）无菌室洁净度的测定

一般采用平板法测定，方法是：以无菌方式将 3 个营养琼脂平板（平板直径均为 9cm）带入无菌操作室，在操作区台面左、中、右各放 1 个。打开平板盖在空气中暴露 30min 后将平板盖好，然后置 32.5℃±2.5℃恒温箱培养 48h。取出检查，3 个平板上生长的菌落数平均小于 1 个即为合格。

第二节　实验室的工作守则

实验室检验是一项精确、细致、耐心的工作，作为禽病诊断检验室的工作人员，在工作过程中既要遵守实验室的规则，防止污染，同时又必须注意安全，防止被病原微生物感染。在开展检验工作时，应注意下列事项：

①进入实验室应穿着工作服，进入无菌室应戴口罩、帽子，换专用鞋。

②实验室内要保持安静、有秩序，不要高声谈笑，影响实验。不准吸烟、饮食和会客。

③病料检验要体现快而准的原则，采集或接收到病料时应及时进行检查和病原分离培养。

④实验室应保持整洁和卫生。样品检验完毕后及时清理桌

面，凡是要丢弃的培养物应经高压蒸汽灭菌后处理，污染的玻璃仪器经高压蒸汽灭菌后再洗刷干净。器械使用后及时清洗干净并纳归整理，需要灭菌的器械应及时灭菌。药品和试剂使用后放回原处，有毒和腐蚀性大的药剂残液应妥善处理，不得污染环境。

⑤实验室内应备有镊子、剪刀、接种针、接种环等，每次使用前和使用后应在酒精灯火焰上烧灼灭菌。

⑥实验室内应备有盛放3％来苏儿或5％石炭酸溶液的玻璃缸，内浸纱布数块；备有70％酒精棉球，用于样品表面消毒及意外污染消毒，无菌室每次使用前后，用紫外线灯照射。

⑦当致病性病原微生物材料污染台面、地面、衣着和器械时，应立即用3％来苏儿或5％石炭酸液消毒。如手指或皮肤被污染，应立即用0.1％新洁尔灭或0.05％百毒杀溶液洗涤，或用碘酊、酒精棉球擦拭。

⑧实验完毕，整理桌面，两手应用肥皂水洗净，必要时先用消毒液（0.1％新洁尔灭或0.05％百毒杀）消毒，然后用清水冲洗。

⑨各种贵重仪器平时按要求保管好，加盖防尘和避光罩，使用时应严格遵守操作规程，使用完毕擦洗后放回原处。

⑩各种试剂必须贴牢标签，写明品名、规格、配制时间和使用有效期，有秩序地按规定保存。

⑪诊断液等生物制剂应先登记，按说明要求的温度放入冰箱或贮藏箱（柜），注意有效期及效价变化，保证试验结果准确无误。

⑫实验室要定期消毒。消毒液可选择3％来苏儿、5％石炭酸、0.5％过氧乙酸及0.05％百毒杀等。

⑬废品、污物和污水放入指定的污物桶内妥善处理，不得随意乱扔。

⑭对操作和观察结果应详细记录，注明检验员姓名和日期，以

便核查。

⑮注意安全。实验室最易发生着火、漏水及触电事故,工作人员应本着认真负责的态度,注意物品(特别是易燃、易爆药品)的存放,节约用电。离开实验室时应对自来水、电源、门窗检查一遍,认为妥善后方可离去。

⑯几种意外情况的处理

皮肤破伤:先除尽异物,用蒸馏水或生理盐水洗净后,涂以2%碘酊。

烧灼伤:涂以凡士林、5%鞣酸或2%苦味酸。

化学药品腐蚀伤:若为强酸腐蚀,先用大量清水冲洗后,再用50g/L碳酸氢钠或氢氧化铵溶液洗涤中和;若为强碱腐蚀,先用大量清水冲洗后,再用5%醋酸或5%硼酸溶液洗涤中和。

第三节 禽病诊断实验室常用的器材和药品

一、常用的器材

禽病诊断实验室常用的器材见表1-1至表1-4。各实验室可根据自身的人力、财力及工作范围适当增减。

表1-1 禽病诊断实验室仪器类

品 名	数 量	品 名	数 量
电热恒温培养箱	1	恒温磁力搅拌器	1
电热鼓风干燥箱	1	电动离心机	1
电冰箱	2	微量振荡器	1

续表 1-1

品 名	数 量	品 名	数 量
电冰柜	1	药用天平	1
生物显微镜	1	分析天平	1
倒置显微镜	1	超净工作台	1
高压蒸汽灭菌器	1	恒温水浴锅	1
蒸馏水器	1	酶标仪	1
组织捣碎机	1	超声波清洗机	1
二氧化碳培养箱	1	酸度计	1
切片机	1	电泳仪	1

表 1-2 禽病诊断实验室一般器械类

品 名	数 量	品 名	数 量
移液器	3	菌落计数器	1
96 孔 V 形塑料板	6	石棉网	2
带盖搪瓷盘	4	血细胞计数板	2
解剖剪	4	酒精灯	3
眼科剪	4	三脚架	3
长镊子(22cm)	2	抽滤瓶	1
有齿镊子(13cm)	4	试管架	5
无齿镊子(13cm)	4	接种棒	5
眼科镊子	4	电 炉	2

续表 1-2

品名	数量	品名	数量
磅秤	1	试管刷(大、中、小)	各5把
乳钵	4套	铝锅	1
吸耳球	5	铂金丝或镍铬丝	1包
注射器(1mL)	30	针头(5#)	1盒
注射器(5mL)	30	针头(6#)	1盒
注射器(10mL)	30	针头(8#)	1盒
注射器(20mL)	30	针头(9#)	1盒

表 1-3 禽病诊断实验室玻璃器皿类

品名	数量	品名	数量
试管(10cm×1cm)	50	细颈磨口试剂瓶(白色,100mL)	20
试管(16cm×1.6cm)	50	细颈磨口试剂瓶(白色,250mL)	10
试管(20cm×3cm)	50	细颈磨口试剂瓶(白色,500mL)	10
有刻度离心管(10mL)	20	细颈磨口试剂瓶(棕色,100mL)	20
吸管(10mL,0.1mL刻度)	20	细颈磨口试剂瓶(棕色,250mL)	10
吸管(5mL,0.1mL刻度)	20	细颈磨口试剂瓶(棕色,500mL)	10
吸管(1mL,0.01mL刻度)	20	玻璃漏斗(直径6cm)	5
培养皿(直径9cm)	80	玻璃漏斗(直径15cm)	5
三角瓶(50mL)	20	三角抽气瓶(500mL)	3
三角瓶(100mL)	20	玻璃棒	10

续表 1-3

品　名	数　量	品　名	数　量
三角瓶(500mL)	20	凹玻片	1盒
烧杯(100mL)	20	载玻片(7.5cm×2.3cm)	2盒
烧杯(500mL)	20	盖玻片(2.0cm×2.0cm)	2盒
烧杯(1000mL)	20	染色缸	2
量筒(100mL)	10	染色滴瓶(棕色,30mL)	10
量筒(250mL)	10	染色滴瓶(白色,30mL)	10
量筒(500mL)	10	细胞培养瓶(25mL)	50
细颈磨口玻璃下口瓶(5000mL)	1	细胞培养瓶(100mL)	20
糖发酵用小玻璃管	50	温度计	5

表 1-4　禽病诊断实验室杂物类

品　名	数　量	品　名	数　量
胶头滴管	10个	乳胶手套	5个
药　匙	10个	脱脂棉	1卷
乳胶手套	5个	普通棉花	适量
滤　纸	5张	纱　布	1卷
洗脸盆	1个	牛皮纸	适量
配电盘	2个	线　绳	适量
洗衣粉	2袋	擦镜纸	适量
工作服	4件	牛皮纸	适量

续表 1-4

品　名	数　量	品　名	数　量
口　罩	10个	记号笔	5个
水　桶	1个	精密 pH 试纸	2本

二、常用的药品

禽病诊断实验室常用的药品见表 1-5，表 1-6。根据工作范围可适当增减。

表 1-5　糖类、染料和指示剂

品　名	数　量	品　名	数　量
果　糖	25g	结晶紫	50g
乳　糖	500g	伊　红	25g
葡萄糖	500g	酸性复红	25g
麦芽糖	500g	碱性复红	50g
甘露醇	500g	姬姆萨氏染料	25g
可溶性淀粉	500g	瑞氏染料	50g
蔗　糖	500g	亚甲蓝	25g
石　蕊	10g	酚　酞	10g
甲基红	25g	酚　红	10g
中性红	10g	溴甲酚紫	10g
溴麝香草酚蓝	10g	亮　绿	10g
麝香草酚蓝	10g	孔雀绿	10g

表 1-6 一般化学药品

品 名	数 量	品 名	数 量
95%乙醇	2000mL	氯化钠	500g
无水乙醇	500mL	过氧化氢	500mL
乙 醚	500mL	石炭酸	500g
醋酸铅	100g	升 汞	500g
甲 醇	500mL	柠檬酸	500g
甲 醛	500mL	柠檬酸钠	500g
硫 酸	1000mL	盐 酸	500mL
硫酸铵	500g	乳 酸	500mL
硫酸镁	500g	蛋白胨	500g
硫酸铜	500g	甘 油	500mL
硫酸亚铁	500g	液状石蜡	500mL
硫代硫酸钠	500g	固体石蜡	500g
硫柳汞	50g	琼 脂	3000g
磷酸二氢钾	500g	琼脂糖	100g
磷酸氢二钾	500g	凡士林	500g
磷酸二氢钠	500g	丙 酮	500mL
磷酸氢二钠	500g	牛肉膏	500g
磷酸钙	500g	碘 片	500g
硫酸钾	500g	碘化钾	500g
碳酸钠	500g	氯化钾	500g

续表 1-6

品 名	数 量	品 名	数 量
氢氧化钾	500g	香柏油	50mL
氢氧化钠	500g	二甲苯	500mL
高锰酸钾	500g	重铬酸钾	500g

第四节 常用仪器的使用与保养

仪器设备是完成各项诊断工作必备的基本条件之一，仪器的稳定性、安全性及紧密度会直接影响实验结果的准确性和重复性。因此，合理使用和保养仪器是实验室工作人员必须具备的基本技能之一。

一、普通生物显微镜

（一）显微镜的主要构造

普通光学显微镜的构造主要分为三部分：机械部分、照明部分和光学部分（图 1-1）。

1. 机械部分

（1）镜座 显微镜的底座，用以支持整个镜体。

（2）镜柱 镜座上面直立的部分，用以连接镜座和镜臂。

（3）镜臂 一端连于镜柱，一端连于镜筒，是取放显微镜时手握部位。

（4）镜筒 连在镜臂的前上方，镜筒上端装有目镜，下端装有物镜转换器。

（5）物镜转换器（旋转器） 可自由转动，盘上有 3～4 个圆孔，是安装物镜部位，转动转换器，可以调换不同倍数的物镜，当听到

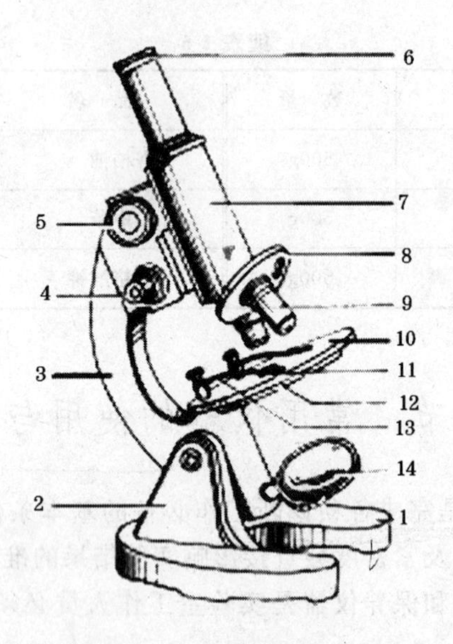

图 1-1 显微镜结构示意图

1. 镜座 2. 镜柱 3. 镜臂 4. 细准焦螺旋 5. 粗准焦螺旋
6. 目镜 7. 镜筒 8. 物镜转换器 9. 物镜 10. 载物台
11. 遮光器 12. 通光孔 13. 压片夹 14. 反光镜

磕碰声时，方可进行观察，此时物镜光轴恰好对准通光孔中心，光路接通。

(6)载物台　在镜筒下方，用以放置玻片标本，中央有一通光孔，我们所用的显微镜其载物台上装有玻片标本推进器(推片器)，推进器左侧有弹簧夹，用以夹持玻片标本，载物台下有推进器调节轮，可使玻片标本做左右、前后方向的移动。

(7)调节器　调节时使载物台或镜筒做上下方向的移动。

①粗调节器(粗准焦螺旋)：大螺旋称粗调节器，移动时可使载物台或镜筒做快速和较大幅度的升降，所以能迅速调节物镜和标本之间的距离使物像呈现于视野中，通常在使用低倍镜时，先用粗调节器迅速找到物像。

②细调节器(细准焦螺旋):小螺旋称细调节器,移动时可使载物台或镜筒缓慢地升降,多在运用高倍镜时使用,从而得到更清晰的物像,并借以观察标本的不同层次和不同深度的结构。

2. 照明部分　装在镜台下方,包括反光镜,集光器。

(1)反光镜　装在镜座上面,可向任意方向转动,它有平、凹两面,其作用是将光源光线反射到集光器上,再经通光孔照明标本。凹面镜聚光作用强,适于光线较弱的时候使用;平面镜聚光作用弱,适于光线较强时使用。

(2)集光器(聚光器)　位于载物台下方的集光器架上,由聚光镜和光圈组成,其作用是把光线集中到所要观察的标本上。

①聚光镜:由一片或数片透镜组成,起汇聚光线的作用,加强对标本的照明,并使光线射入物镜内,镜柱旁有一调节螺旋,转动它可升降聚光器,以调节视野中光亮度的强弱。

②光圈:在聚光镜下方,由十几张金属薄片组成,其外侧伸出一柄,推动它可调节其开孔的大小,以调节光量。

3. 光学部分

(1)目镜　装在镜筒的上端,通常备有2～3个,上面刻有5×、10×或15×符号以表示其放大倍数,一般装的是10×的目镜。

(2)物镜　装在镜筒下端的旋转器上,一般有3～4个物镜,其中较短的刻有"10×"符号的为低倍镜,较长的刻有"40×"符号的为高倍镜,最长的刻有"100×"符号的为油镜,此外,在高倍镜和油镜上还常加有一圈不同颜色的线,以示区别。

显微镜的放大倍数是物镜的放大倍数与目镜放大倍数的乘积,如物镜为10×,目镜为10×,其放大倍数就为10×10=100。

(二)显微镜的使用步骤

1. 取镜和放置　显微镜平时存放在柜或箱中,用时从柜中取出,右手紧握镜臂,左手托住镜座,使镜体保持直立,将显微镜放在自己左肩前方的实验台上,镜座后端距离桌边3～4cm处,便于坐着操作。台面要清洁、平稳,要选择临窗或光线充足的地方。

2. 清洁 检查显微镜是否有毛病,是否清洁,镜身机械部分可用干净软布擦拭。透镜要用擦镜纸擦拭,如有胶或沾污,可用少量二甲苯清洁。

3. 对光 用拇指和中指移动旋转器(切忌手持物镜移动),使低倍镜对准载物台的通光孔(当转动听到磕碰声时,说明物镜光轴已对准镜筒中心)。打开光圈,上升集光器,并将反光镜转向光源,光线强时用平面镜,光线弱时用凹面镜,同时调节反光镜方向,直到视野内的光线均匀明亮为止。若使用的为带有光源的显微镜,可省去调节反光镜,但需要调节光亮度的旋钮。

4. 放置玻片标本 取一玻片标本放在载物台上,一定使有盖玻片的一面朝上,切不可放反,用推片器弹簧夹夹住,然后旋转推片器螺旋,将所要观察的部位调到通光孔的中央。

5. 调节焦距 先旋转粗准焦螺旋,使载物台缓慢地上升或使镜筒下降至物镜距标本片约2cm处。然后左眼自目镜观察,左手旋转粗准焦螺旋,使载物台缓慢下降或使镜筒上升,当在目镜中看到模糊物像时,再用细准焦螺旋调节,直到视野中出现清晰的物像为止。

调焦操作注意:不应在高倍镜下直接调焦;在上升载物台或下降镜筒时,切勿在目镜上观察,一定要从右侧观察镜筒和标本间的间距,以免上升过多,造成镜头或标本片的损坏。若使用双筒显微镜,如观察者双眼视度有差异,可用视度调节圈调节。另外,双筒可相对平移以适应操作者两眼间距。

如果物像不在视野中心,可调节推片器将其调到中心(注意移动玻片的方向与视野物像移动的方向是相反的)。如果视野内的亮度不合适,可通过升降集光器的位置或开闭光圈的大小来调节。

6. 观察 若使用单筒显微镜,两眼自然睁开,左眼观察标本,右眼观察记录及绘图,同时左手调节焦距,使物像清晰并移动标本视野。右手记录、绘图。

镜检时应将标本按一定方向移动视野，直至整个标本观察完毕，以便不漏检、不重复。

光强的调节：一般情况下，染色标本光线宜强，无色或未染色标本光线宜弱；低倍镜观察光线宜弱，高倍镜观察光线宜强。除通过调节反光镜或光源灯来调整光强度外，光圈的调节也十分重要。

(1)低倍镜观察　观察任何标本时，都必须先使用低倍镜，因为其视野大，易发现目标和确定要观察的部位。

(2)高倍镜观察　一定要先在低倍镜下把需进一步观察的部位调到中心，同时把物像调节到最清晰的程度，才能进行高倍镜的观察。转动物镜转换器，调换上高倍镜头，转换高倍镜时转动速度要慢，并从侧面进行观察(防止高倍镜头碰撞玻片)，如高倍镜头碰到玻片，说明低倍镜的焦距没有调好，应重新操作。转换好高倍镜后，用左眼在目镜上观察，此时一般能见到一个不太清楚的物像，只需略微调动细准焦螺旋，即可获得清晰的物像(切勿用粗准焦螺旋)。如果视野的亮度不合适，可用集光器和光圈加以调节，如果需要更换玻片标本时，转动粗准焦螺旋使载物台下降(切勿转错方向)，方可取下玻片标本。

(3)油镜的观察　先用低倍镜及高倍镜将被检物体移至视野中央后，再换油镜观察。油镜观察前，将聚光器升至最高，光圈完全打开，显微镜亮度调整至最亮(带光源的显微镜将光亮度旋钮调至最大，不带光源的显微镜调节凹面反光镜，使射入镜头中的光线最强)。使用油镜时，先在标本片上滴加一滴香柏油(镜油)，转动物镜转换器使油镜对准镜台的通光孔，然后缓慢转动粗准焦螺旋，将载物台上升或使油镜头下降，并从侧面仔细观察，直到油镜浸入香柏油并贴近玻片标本，然后用左眼在目镜上观察，同时向相反方向微微转动粗准焦螺旋使载物台下降或油镜头上升，当视野中出现模糊的被检物时，改用细准焦螺旋直至被检物清晰为止。香柏油滴加要适量，用量以 1～2 滴能淹到油镜头的中间部分为宜，用量太多则浸染镜头，太少则视野太暗不便观察。油镜使用完毕后，下降镜台，取下标本，用擦镜纸擦去残留在镜头上的镜油，再用擦镜纸蘸少量二甲苯擦拭，并再用干净擦镜纸吸干多余的二甲苯。

7. 结束操作 显微镜使用完毕后擦好镜头，然后将物镜转成“八”字式，再向下旋转，以免物镜和聚光器相碰受损。若使用的是带有光源的显微镜，需要调节亮度旋钮，将光亮度调至最暗，再关闭电源按钮，以防止下次开机时瞬间过强电流烧坏光源灯。套上镜套放入镜箱中。

（三）显微镜使用时的注意事项

①持镜时必须是右手握臂、左手托座的姿势，不可单手提取，以免零件脱落或碰撞到其他地方。

②轻拿轻放，不可把显微镜放置在实验台的边缘，以免碰翻落地。

③保持显微镜的清洁，光学和照明部分只能用擦镜纸擦拭，切忌口吹、手抹或用布擦，机械部分用布擦拭。

④水滴、酒精或其他药品切勿接触镜头和镜台，如果沾污应立即擦净。

⑤放置玻片标本时要对准通光孔中央，且不能反放玻片，防止压坏玻片或碰坏物镜。

⑥要养成两眼同时睁开的习惯，以左眼观察视野，右眼用以绘图。

⑦不要随意取下目镜，以防止尘土落入物镜，也不要任意拆卸各种零件，以防损坏。

⑧使用完毕后，必须复原才能放回镜箱内，其步骤是：取下标本片→转动物镜转换器使镜头离开通光孔→下降镜台→平放反光镜→下降集光器（但不要接触反光镜）、关闭光圈→推片器回位→盖上外罩→放回实验台柜内。最后填写使用登记表。

(四)显微镜的维护及保养工作

1. 日常维护保养

(1)防潮 光学镜片容易生霉、生雾。机械零件受潮后,容易生锈。显微镜箱内应放置1~2袋硅胶作干燥剂。

(2)防尘 光学元件表面落入灰尘,不仅影响光线通过,而且经光学系统放大后,会生成很大的污斑,影响观察。灰尘、沙粒落入机械部分,还会增加磨损,引起运动受阻,危害同样很大。注意保持显微镜的清洁。

(3)防腐蚀 显微镜不能与具有腐蚀性的化学试剂放在一起。如硫酸、盐酸、强碱等。

(4)防热 避免热胀冷缩引起镜片的开胶与脱落。

因此,生物显微镜要放置在干燥、阴凉、无尘、无腐蚀的地方。使用后,要立即擦拭干净,用防尘透气罩罩好或放在箱子内。当显微镜闲置时,用塑料罩盖好,并储放在干燥的地方防尘防霉。将物镜和目镜保存在干燥容器中,并放些干燥剂。

2. 机械系统的维护保养

(1)滑动部位 定期涂些中性润滑脂。

(2)油漆和塑料表面的清洁 顽固的污迹可以使用软性的清洁剂清洗。

(3)塑料部分 用软布蘸水清洗。

注意:不要使用有机溶剂,如酒精、乙醚、稀释剂等。因为有机溶剂会腐蚀机械和油漆,造成损坏。

3. 光学系统的维护保养

(1)透镜的清洁 使用后用干净柔软的绸布轻轻擦拭目镜和物镜镜片。聚光镜和反光镜只要擦干净就可以了。有较顽固的污迹,可用长纤维脱脂棉或干净的细棉布蘸少许二甲苯或镜头清洗液(3份酒精:1份乙醚)擦拭,然后用干净细软的绸布擦干或用吹风机吹干。

注意清洗液千万不能渗入到物镜镜片内部，否则会损坏物镜镜片。纯酒精和二甲苯容易燃烧，在将电源开关打开或关闭时要特别当心不要引燃这些液体。

(2)物镜和目镜生霉生雾的处理办法　准备30%无水乙醇+70%乙醚，最好用棉花棒、纱布、柔软的刷子等比较柔软的东西擦拭油镜，立即清洗。特别是100×的油镜，处理不当的话，镜片容易浸油或开胶。

目镜可以自己拆下来清洗，物镜不要随便拆下。

注意擦洗镜头时，不能太用力，以防止损伤镀膜层。一般2个月最好能集中保养1次。显微镜多时，各个镜头要标号以免弄错了搭配。

4. 定期检查　为了保持性能的稳定，建议做定期的检查、保养。对于生物显微镜的维护保养，主要做到防尘、防潮、防热、防腐蚀。用后及时清洗擦拭干净，并定期在有关部位加注中性润滑油脂。对于一些结构复杂，装配精密的零部件，如果没有一定的专业知识，一定的技能和专用工具，不得擅自拆装，以免损坏零部件。

二、离心机

根据物质的沉降系数、质量、密度等的不同，应用强大的离心力使物质分离、浓缩和提纯的方法称为离心。离心机是借离心力分离液相非均一体系的设备。离心机的型号、种类繁多，价格也相差较大，选购时应根据离心目的、样品的种类和数量、经济条件等具体情况多方面权衡。

(一)离心原理

当含有细小颗粒的悬浮液静置不动时，由于重力场的作用使得悬浮的颗粒逐渐下沉。粒子越重，下沉越快；反之，密度比液体小的粒子就会上浮。微粒在重力场下移动的速度与微粒的大小、形态和密度有关,并且又与重力场的强度及液体的黏度有关。此外,物质在介质中沉降时还伴随有扩散现象。扩散是无条件的、绝对的。扩散与物质的质量成反比,颗粒越小扩散越严重。而沉降是相对的,有条件的,要受到外力才能运动。沉降与物体重量成正比,颗粒越大沉降越快。对小于几微米的微粒,如病毒或蛋白质等,它们在溶液中成胶体或半胶体状态,仅仅利用重力是不可能观察到沉降过程的,因为颗粒越小沉降越慢,而扩散现象则越严重。所以,需要利用离心机产生强大的离心力,才能迫使这些微粒克服扩散产生沉降运动。

离心就是利用离心机转子高速旋转产生强大的离心力,加快液体中颗粒的沉降速度,把样品中不同沉降系数和浮力密度的物质分离开。离心力(F)的大小取决于离心转头的角速度(ω,r/min)、物质颗粒距离心轴的距离(R,cm)以及颗粒的质量(m)。它们的关系是:F=mω2R。

由于颗粒在离心过程中的离心力是相对颗粒本身所受的重力而言,因此为方便起见,常用地心引力的倍数,即把 F 值除以重力,得到离心力是重力的多少倍,称为相对离心力(RCF),单位为"g"来表示。

(二)分　类

离心机的种类很多,按照转速的大小可分为低速离心机,高速离心机和超速离心机。转速小于 6 000 r/min 为低速离心机,低于 25 000 r/min 为高速离心机,超过 25 000 r/min 为超速离心机。低速离心机主要是固液沉降分离,通常不带冷冻系统,于室温下操作;高速离心机也是固液沉降分离,一般都有制冷系统和真空系统,离心室的温度可以调节和维持在 0℃～4℃,通常主要用于微生物菌体、细胞碎片、大细胞器、硫酸铵沉淀物和免疫沉淀物等的分离与纯化工作,但不能有效地沉降病毒、小细胞器或单个分子;超速离心机转速分离的形式为差速沉降分离和密度梯度区带分离，可以分离细胞的亚细胞器结构，也可以分离病毒、核酸、蛋白质和多糖等生物大分子。

一般基层实验室常用台式或地面式普通离心机。普通离心机的主要用途是使混悬液达到离心沉淀的目的，如制备血凝或血凝抑制试验用的红细胞、分离待检血清以及分离病毒时将组织悬液经离心机沉淀后制备上清液等。

（三）使用方法

离心机转动速度快，要注意安全，特别要防止在离心机运转期间，因不平衡或试管垫老化，而使离心机边工作边移动，以致从实验台上掉下来，或因盖子未盖，离心管因振动而破裂后，玻璃碎片旋转飞出，造成事故。

离心机操作步骤如下。

①将待离心的液体置于离心管中。

②装有待离心液体的离心管分别放入 2 个完整的并且配备了橡皮软垫的离心套管之中。置天平两侧配平，向较轻一侧离心套管内用滴管加水，直至平衡。如果只离心一个（或不成对的）样本，必须将另一空离心管套、管垫与装有样品的离心管套、管垫同时准确称量，然后向空离心管内加水进行平衡。离心液面距离心管口至少应留 2cm 的距离，以免离心时离心液溅出。

③将已配平的 2 个套管对称地放置于离心机的离心平台上，盖好离心机盖。

④检查离心机是否安放平稳，电源开关及调速杆是否位于“零位”，若不在则应复位。

⑤接通电源，打开电源开关。

⑥调节定时旋钮于所需要的时间（分钟）。

⑦缓慢旋转调速器至所需的转速后，以此开始计算离心所需时间。

⑧离心时间到后，将调速杆缓慢退回到“零位”，关掉电门，拔

下电源插头。

⑨待离心机完全停止转动后，打开盖子取出离心套筒及离心管。

⑩清洁离心套筒、离心管及离心腔，关闭离心机盖。

（四）注意事项

①离心机必须放置在坚固的水平实验台上且稳固，转轴上的支架要牢固，转轴润滑良好，吊栏应活动自如，保证离心机的正常运转。

②离心前必须平衡样品，对称放入离心机内。离心管盛液不宜过满，避免腐蚀性液体溅出腐蚀离心机，同时造成离心不平衡。

③使用调速器调速时，必须逐档升降，待每档速度达到稳定时才能调档，不能连续调档或直接调至所需转速，以免损伤机器或降低使用寿命。

④在离心机未停稳时，严禁打开离心机盖用手助停，以免伤人损机，使沉淀泛起。样品取出时应缓慢，不要摇晃。

⑤离心完毕应关电门、拔掉电源插头。

⑥注意离心机的保养和“四防”。离心机使用完毕，要及时清除离心机内水滴、污物及碎玻璃碴，擦净离心腔、转轴、吊环、套筒及机座。经常做好离心机的防潮、防过冷、防过热、防腐蚀，以延长使用寿命。

⑦离心过程若发现异常情况应立即拔下电源插头，然后再进行检查。如听到碎玻璃碴声响，可能是离心管被打碎，应重新更换离心管。若整个离心机座转动起来，则是严重不平衡所致。若离心机不转动，则可能是电源无电或保险丝烧断，应重新更换保险丝。

三、高压蒸汽灭菌器

高压蒸汽灭菌器是一种密闭的容器，因其内产生的蒸汽不能外溢，容器内压力持续增高，温度也随之升高，杀菌力随之增强。在 0.105 MPa 压力下，温度达 121.3℃保持 15～30min，可杀灭所有的繁殖体和芽孢，高压蒸汽灭菌法是最常用最有效的灭菌法。凡是耐高热、不怕潮湿的物品，如手术器械、敷料、工作服、普通培养基、生理盐水、玻璃器皿、橡皮手套等，均可使用该法灭菌。高压蒸汽灭菌器的种类有手提式、直立式及横卧式等多种，它们的构造和灭菌原理基本相同。

图 1-2 手提式高压蒸汽灭菌器

(一)主要构造

高压蒸汽灭菌器有双层金属圆筒，两层之间盛水，外壁坚厚，其上方或前方有金属厚盖，盖上装有螺旋，借以紧闭盖门，使蒸汽不能外溢。高压蒸汽灭菌器上还装有排气阀、安全阀，用来调节灭菌器内蒸汽压力与温度并保障安全；高压蒸汽灭菌器上还装有温度压力表，指示内部的温度与压力。

(二)操作方法与注意事项

①手提式与直立式高压蒸汽灭菌器使用前，先打开灭菌器盖，向器内加水到水位线，立式消毒器最好用已煮沸过的水或蒸馏水，以便减少水垢在锅内的积存。水要加够，防止灭菌过程中干锅。

②将待灭菌的物品放入器内，一般不能放得太多、太挤，包裹也不要过大，以免影响蒸汽的流通，降低灭菌效果。手提式高压灭菌器，把盖下排气管插入灭菌桶内壁的排气孔内，然后将盖盖上并

将螺旋对角式均匀拧紧，勿使漏气。

③打开排气阀，加热，当有大量蒸汽排出时，保持 5min 使器内冷空气完全排净。关紧排气阀门，则温度随蒸汽压力上升；待器内蒸汽压力上升至所需压力和规定温度时（一般为 115℃或 121℃，根据灭菌物品的种类不同来选择）控制热源，保持压力、温度，开始计时，持续 15～20min，即可达到完全灭菌的目的。

④灭菌完毕，不可立即开盖取物，须关闭电源，并待其压力自然下降至零时，方可开盖，否则容易发生危险；也不可突然开大排气阀进行排气减压，以免器内压力骤然下降使瓶内灭菌液体沸腾，冲出瓶外。

⑤灭菌结束，打开水阀门排尽器内剩水。

四、干燥箱

干燥箱也称烘箱，是一种干热灭菌仪器，也是一种常用于加热干燥的仪器，加热范围一般为 30℃～300℃，干燥箱的构造根据各种类型的用途、要求略有差异。其构造与培养箱基本相同，只是底层下的电热量大。干燥箱主要用于玻璃仪器灭菌，也可用于烤干洗净的玻璃仪器。

小型干燥箱，采用自然对流式传热。这种形式是利用热空气轻于冷空气形成自然循环对流的作用来进行传热和换气，达到箱内温度比较均匀并将样品蒸发出来的水气排出去的目的。

大型干燥箱，完全依靠自然对流传热和排气达不到应有的效果，可安装小型电动机带动小电扇进行鼓风，达到传热均匀和快速排气的目的。

干燥箱的操作方法与注意事项：

①新安装的干燥箱，应注意干燥箱所需的电压与电源电压是否相符，选用足够容量的电源线和电源闸刀开关，应具有良好的接地线。

②需要灭菌的玻璃仪器，如平皿、试管、吸管等，必须洗净后再灭菌。放入箱内灭菌的器皿不宜放得过挤，而且散热底隔板不应放物品，即不得使器皿与内层底板直接接触，以免影响热气向上流动。水分大的尽量放在上层。

③接通电源，开启鼓风开关和加热电源，再将控制仪表的按键设置为所需要的温度。

④当温度逐渐上升至160℃，保持1～2h可达到灭菌目的。温度如超过170℃，则器皿外包裹的纸张、棉塞会被烤焦甚至燃烧。

⑤灭菌完毕，不能立即开门取物，须关闭电源，待温度自动下降至60℃以下再开门取物，否则玻璃器材可因骤冷而爆裂。

⑥如事先将器皿用纸包裹或带有棉塞，则灭菌后，在适宜环境下保存可延长无菌状态达1周之久。

⑦箱内不应放对金属有腐蚀性的物质，如酸、碘等，禁止烘焙易燃、易爆、易挥发的物品。如必须在干燥箱内烘干纤维质类和能燃烧的物品，如滤纸、脱脂棉等，则不要使箱内温度过高或时间过长，以免燃烧着火。

⑧干燥箱恒温后，一般不需人工监视，但为防止控制器失灵，仍须有人经常照看，不能长时间远离。

⑨内壁、隔板如生锈，可刮干净后涂上铝粉、银粉、铅粉或锌粉。箱内应保持清洁，经常打扫。

五、培养箱

（一）主要构造

培养箱，也称恒温箱，系培养微生物的主要仪器。以铁皮喷漆制成外壳，以铝板作内壁，夹层填充以石棉或玻璃棉等绝缘材料以防热量扩散，内层底下安装电阻丝用以加热，利用空气对流，使箱内温度均匀。箱内设有金属孔架数层，用以搁置培养标本。箱壁装有温度调节器调节温度。现在市场上常见的培养箱有电热恒温培养箱、生化培养等。

(二)使用与维护

①箱内不应放入过热或过冷物品,取放物品时应快速进行,并随手关闭箱门以保持恒温。

②箱内可经常放入装水容器1只,以保持箱内湿度和减少培养物中的水分大量蒸发。

③培养箱最底层温度较高,培养物不宜与之直接接触。箱内培养物不应放置过挤,以保证培养物受温均匀。各层金属孔架上放置物品不应过重,以免将其压弯滑脱,打碎培养标本。

④定期消毒内箱,可每月1次。方法为断电后,先用3%来苏儿溶液涂布消毒,再用清水抹去擦净。

⑤培养用恒温箱不得作烘干衣帽等其他用途。

六、水浴箱

水浴箱,也称水恒温箱,为血清学试验常用仪器。它是由金属制成的长方形箱,箱内盛以温水,箱底装有电热丝,由自动调节温度装置控制。箱内水至少2周更换1次,并注意洗刷清洁箱内沉积物。

七、超净工作台

超净工作台是箱式微生物无菌操作工作台,占地面积小,使用方便。其工作原理是借助箱内鼓风机将外界空气强行通过一组过滤器,净化的无菌空气连续不断地进入操作台面,并且台内设有紫外线杀菌灯,可对环境进行杀菌,保证超净工作台面的正压无菌状态。

超净工作台的操作方法与注意事项:

①使用前 30min 打开紫外线杀菌灯，对工作区域进行照射，把细菌、病毒全部杀死。

②使用前 10min 将通风机启动，用海绵或白纱布将台面抹干净。

③操作时把开关按钮拨至照明处，操作室杀菌灯即熄灭。

④操作区为层流区，因此物品的放置不应妨碍气流正常流动。

⑤操作者应穿着洁净工作服、工作鞋，戴好口罩。

⑥工作完毕后停止风机运行，把防尘帘放下。

⑦使用过程中如发现问题应立即切断电源，报修理人员检查修理。

⑧超净工作台应安装在远离有震动及噪声大的地方，以防止震动对它的影响。

⑨每 3～6 个月用仪器检查超净工作台性能有无变化，测试整机风速时，采用热球式风速仪。如操作区风速低于 0.2m/s，应对初、中、高三级过滤器逐级做清洗除尘。

第五节　常用玻璃器皿的准备和灭菌

一、玻璃器皿的洗涤

1. 新购的玻璃器皿　新购玻璃器皿中常含有游离碱质，因此不能直接使用，应先在 2%～3%盐酸溶液中浸泡 6～12h，再用自来水冲洗干净。

2. 使用过的玻璃器皿

(1)锥形瓶、培养皿、试管和烧杯　可用瓶刷或试管刷蘸上肥皂、洗衣粉或去污粉等洗涤剂刷洗，然后用自来水冲洗干净。装有固体培养基的器皿应先将其刮去，然后洗涤。少数实验要求高的器皿，可先在洗液中浸泡 4～6h，再用自来水冲洗，最后用蒸馏水洗 2～3 次。洗刷后以水在内壁能均匀分布成一薄层而不出现水珠，为油垢除净的标准。洗刷干净的玻璃仪器烘干备用。

(2)吸过血液、血清、糖溶液或染料溶液等的玻璃吸管　使用后应立即投入盛有自来水的量筒内，免得干燥后难以冲洗干净。量筒底部应垫以脱脂棉，否则吸管投入时容易破损。吸管的内壁如果有油垢，应先在洗涤液内浸泡数小时，然后再进行冲洗。必要时用蒸馏水淋洗。洗净后，放搪瓷盘中晾干，若要加速干燥，可放烘箱内烘干。

(3)用过的载玻片与盖玻片　如滴有香柏油，要先用皱纹纸擦去或浸在二甲苯内摇晃几次，使油垢溶解，再在肥皂水中煮沸 5～10min，用软布或脱脂棉擦拭，立即用自来水冲洗，然后在稀洗涤液中浸泡 0.5～2h，自来水冲去洗涤液，最后用蒸馏水换洗数次，待干后浸于 95%酒精中保存备用。使用时在火焰上烧去酒精。用此法洗涤和保存的载玻片以及盖玻片清洁透亮，没有水珠。

3. 被病原微生物污染的玻璃器皿　被病原微生物污染的平皿、烧杯、试管和锥形瓶应先经 121℃高压蒸汽灭菌 20～30min 后取出，趁热倒出容器内的培养物，再用热肥皂水洗刷干净，用清水冲洗。被病原微生物污染的吸管、玻片应立即放入 5%石炭酸、3%来苏儿溶液或 0.3%新洁尔灭消毒液内浸泡 24h 或煮沸 30min，然后再用水冲洗。

4. 洗涤液的配制与使用

(1)配制　洗涤液分浓溶液与稀溶液 2 种，配方如下：

①浓溶液：重铬酸钠或重铬酸钾（工业用）100g，自来水 200mL，浓硫酸（工业用）800mL。

②稀溶液：重铬酸钠或重铬酸钾（工业用）100g，自来水 750mL，浓硫酸（工业用）250mL。

配制时将重铬酸钠或重铬酸钾先溶解于自来水中，可慢慢加温、溶解，冷却后徐徐加入浓硫酸，边加边搅动。配好后的洗涤液应是棕红色或橘红色。贮存于有盖容器内。

(2)使用注意事项

①洗液为强氧化剂，腐蚀性强，使用时特别注意不要溅在皮肤和衣服上，若沾污衣服和皮肤应立即用水洗，再用苏打水或氨液洗。如果溅在桌椅上，应立即用水洗去或湿布抹去。

②玻璃器皿投入前，应尽量干燥，避免洗涤液稀释。

③此液的使用仅限于玻璃和瓷质器皿，不适用于金属和塑料器皿。

④有大量有机质的器皿应先行擦洗，然后再用洗涤液，这是因为有机质过多，会加快洗涤液失效。此外，洗涤液虽为很强的去污剂，但也不是所有的污迹都可清除。

⑤洗液用过后倒回原磨口瓶中，以备下次再用。当洗液变为黑色时，可倒入废液桶中，绝不能倒入下水道，以免腐蚀金属管道。

二、玻璃器皿的干燥

自然干燥：凡不急用的玻璃器皿一般采用自然干燥法，将器皿倒置于仪器架上，上面盖纱布以防尘。

烘干：除量器、壁厚的容器、壁厚薄不均的容器，结构复杂而接头多的器皿不宜烘烤外，其他均可在 50℃～120℃干燥箱内烘干。

三、玻璃器皿的包装

棉塞的制作：根据试管口和瓶口大小，取适量的棉花卷成圆锥形，再取纱布包好，用细线扎紧即可。制好的棉塞应紧贴管壁，不留缝隙。棉塞不宜过紧或过松，塞好后手提棉塞，以不滑落为准。棉塞的 2/3 应在管内，上端露出 1/3 便于提拔。

试管的包装：将试管口用棉塞塞上，以 7～9 支为 1 捆，用棉线在试管的中部捆扎，再用一张牛皮纸将整捆试管的棉塞端包好，纸外捆以棉线即成。

吸管的包装:先在吸管端塞少许棉花,然后用报纸条从尖端开始斜向卷曲缠绕包裹,口端多余的纸筒折转,再以 10 支为 1 捆,用报纸或牛皮纸包起,外捆以棉线。

平皿的包装:相同大小的平皿,4～6 个为 1 捆,用报纸或牛皮纸卷成圆筒装包裹。

烧杯和锥形瓶的包装:将烧杯和锥形瓶塞上棉塞后,用报纸或牛皮纸逐个包扎棉塞端,纸外捆以棉线即成。

四、玻璃器皿的消毒

包扎好的玻璃器皿用前进行干热灭菌或高压蒸汽灭菌。

第六节 常用试剂和溶液的配制

一、常用酒精溶液的配制

1. 反比法

$c_1 : c_2 = V_2 : V_1$

式中——c_1,V_1 分别为高浓度溶液的浓度和体积、c_2,V_2 分别为低浓度溶液的浓度和体积。

例如,配制 75%的乙醇 100mL,如何用 95%的乙醇和蒸馏水配制,需要多少毫升?

按下列公式计算:

$$95 : 75 = 100 : x$$

$$x = 78.9(\text{mL})$$

即取 95%的乙醇 78.9mL,加蒸馏水稀释至 100mL,即成 75%的乙醇。

2. 交叉法 X,Y 分别为已知高浓度和低浓度;Z 为需配中间浓度;Z-Y,X-Z 分别为已知高浓度和低浓度溶液的体积。

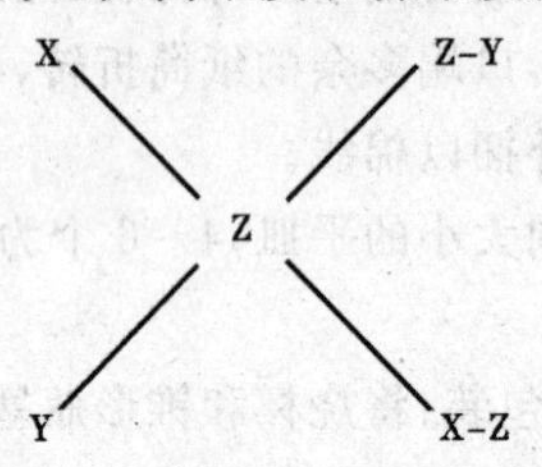

交叉法总的规律是高浓度置左上角、低浓度置左下角、需配浓度置中间,交叉计算,横量取。

例如,用 95%乙醇和蒸馏水配制成 75%乙醇,交叉法计算如下:

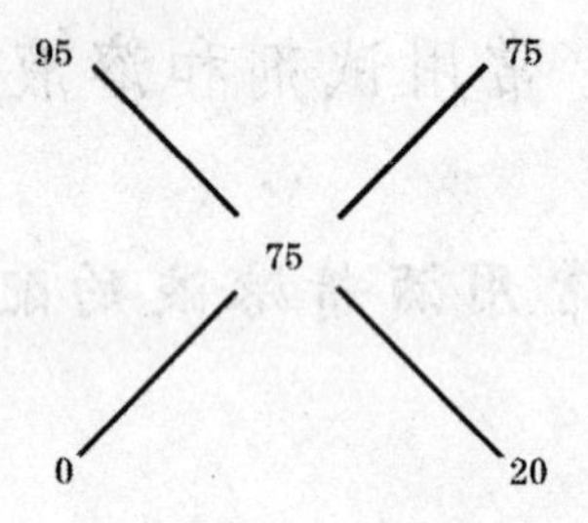

结果为取 95%乙醇 75mL,加蒸馏水 20mL 混合搅拌,即成 75%乙醇。

二、碘酊的配制

5%碘酊的配制,组成如下:碘片,5g;碘化钾,3.5g;95%乙醇,50mL;水适量。

配制方法:称取碘化钾 3.5g,加蒸馏水少量,用玻璃棒搅拌使碘化钾完全溶解;称取碘片 5g,加入上述碘化钾溶液中,用玻璃棒不断搅拌直至碘片完全溶解后，加入95%乙醇50mL。移入100mL容量瓶中，加蒸馏水定容至100mL。

注意事项：溶解碘化钾时应尽量少加水，最好配成饱和或过饱和溶液。将碘在碘化钾饱和溶液中溶解后，应先加入乙醇后加水；反之，会析出沉淀。

三、碘甘油的配制

例如，配制1%碘甘油100mL。操作如下：取碘化钾1g，加蒸馏水1mL溶解后，加入研磨好的碘片1g，搅拌溶解后转移到容量瓶中，加甘油至100mL。

四、磷酸盐缓冲液的配制

(一)0.1M磷酸二氢钠—磷酸氢二钠缓冲液

0.1M磷酸二氢钠溶液配制：因为$NaH_2PO_4 \cdot 2H_2O$分子量156.03，0.1M溶液为15.603g/L，所以称取含有2个结晶水磷酸二氢钠15.603g配成1L溶液，即为0.1M磷酸二氢钠溶液。

0.1M磷酸氢二钠溶液配制：因为$Na_2HPO_4 \cdot 2H_2O$分子量178.05，0.1M溶液为17.805g/L，所以称取含有2个结晶水磷酸氢二钠17.805g，配成1L溶液，即为0.1M磷酸氢二钠溶液(表1-7)。

表1-7　0.1M磷酸二氢钠—磷酸氢二钠缓冲液配制比例

pH值	0.1M NaH_2PO_4 (mL)	0.1M Na_2HPO_4 (mL)
5.8	92.0	8.0
6.0	87.7	12.3
6.2	81.5	18.5

续表 1-7

pH 值	0.1M NaH_2PO_4 (mL)	0.1M Na_2HPO_4 (mL)
6.4	73.5	26.5
6.6	62.5	37.5
6.8	51.0	49.0
7.0	39.0	61.0
7.2	28.0	72.0
7.4	19.0	81.0
7.6	13.0	87.0
7.8	8.5	91.5
8.0	5.3	94.7

(二)1/15M 磷酸氢二钠—磷酸二氢钾缓冲液

1/15M 磷酸氢二钠溶液配制：因为 $Na_2HPO_4 \cdot 2H_2O$ 分子量 178.05，1/15M 溶液为 11.87g/L，所以称取含有 2 个结晶水磷酸氢二钠 11.87g 配成 1L 溶液，即为 1/15M 磷酸氢二钠溶液。

1/15M 磷酸二氢钾溶液配制：因为 KH_2PO_4 分子量 136.09，1/15M 溶液为 9.078g/L，所以称取磷酸二氢钾 9.078g，配成 1L 溶液，即为 1/15M 磷酸二氢钾溶液(表 1-8)。

表 1-8　1/15M 磷酸氢二钠—磷酸二氢钾缓冲液配制比例

pH 值	1/15M Na_2HPO_4 (mL)	1/15M KH_2PO_4 (mL)
6.0	12	88
6.2	18	82
6.4	27	73
6.6	37	63
6.8	49	51
7.0	63	37
7.2	73	27
7.4	81	19
7.6	86.8	13.2
7.8	91.5	8.5
8.0	94.4	5.6

五、抗凝剂的配制

(一)柠檬酸钠

常配成 3%～5%溶液，一般实验室多配成 3.8%溶液，称取柠檬酸钠 3.8g，加蒸馏水至 100mL，混合摇匀，定量分装，高压蒸汽灭菌后备用。1mL 则可使 5～10mL 血液不凝固。

(二)肝　素

纯的肝素 10mg 能抗凝 65～125mL 血液(按 1mg 等于 125U，10～20IU 能抗 1mL 血液计)。但由于肝素制剂的纯度高低以及其保存时间长短不等，因而其抗凝效果也不相同。一般可配成 1%肝素生理盐溶液，用时取 0.1mL 于试管内，100℃烘干，每管能抗凝 5～10mL 血液。也可将抽血注射器用配好肝素生理盐水湿润一下管壁，直接抽血至注射器内而使血液不凝。市售多为肝素钠，使用时按 1%溶液配制。

(三)草酸钾

取草酸钾 10g，加蒸馏水少许使溶解，再加蒸馏水至 100mL，配制成 10%水溶液；如每管加 0.1mL 则可使 5～10mL 血不凝。一般如做微量检验，用血量较少，可配制成 2%溶液；如每管加 0.1mL 可使 1～2mL 血液不凝。

六、重铬酸钾清洗液的配制

先将重铬酸钠或重铬酸钾溶解于自来水中，可慢慢加温，使其溶解，冷却后徐徐加入浓硫酸，边加边搅动，直至加完(表 1-9)。配好后的洗涤液应是棕红色或橘红色，贮存于有盖容器内。此液腐蚀性强，只能用于清洁玻璃器皿和瓷器，可以连续使用至液体变成黑色为止。

表 1-9　重铬酸钾清洁液配方

重铬酸钾(g)	清 水(mL)	浓硫酸(mL)	清洁能力
100	750	250	较 弱
60	300	460	较 强
100	200	800	最 强

第七节　家禽的剖检技术

家禽的剖检技术是诊断疾病基本技能，下面以鸡为例介绍家禽的剖检技术要领。

一、放血与消毒

1. 放血　病鸡保定，用左手拇指与食指抓住鸡翅膀，左手小拇指勾起病鸡腿部，左手食指拇指抓住鸡喙部，使鸡的颈部呈弓状，右手拿剪刀从病鸡耳后无毛区剪开颈静脉和动脉，充分放血至病鸡死亡。注意在放血过程中不要损伤气管和食道，以免影响病理观察。

2. 消毒　病鸡放血后，为防止病原扩散和影响视野观察，在病理剖检之前，对病死鸡尸体采用浸泡消毒法消毒。

二、剖检方法和术式

1. 剥皮　用力掰开病鸡双腿，至髋关节脱臼，后将翅膀与两腿摊开，或将头、两翅固定在解剖板上。用剪刀沿颈、胸、腹中线剪开皮肤，再剪开腹部并延至两腿内侧皮肤。由剪处向两侧分离皮肤。剥开皮肤后，可看到颈部的气管、食道、嗉囊、胸腺、迷走神经以及胸肌、腹肌、腿部肌肉等。

2. 剖开胸腹腔　在病鸡龙骨末端剪开肌肉，沿肋骨弓向前剪开，剪开锁骨向上翻开，便可打开胸腔。再沿腹中线到泄殖腔附近剪开腹腔。

3. 内脏器官的取出　首先把肝脏与其他连接器官的韧带剪断，将脾脏、胆囊随同肝脏一同取出。再把食道与腺胃交界处剪断，将腺胃、肌胃、肠管一并取出。另剪开卵巢系膜，把输卵管与泄殖腔连接处剪断，将其取出。雄禽剪断睾丸系膜，取出睾丸。其后，用钝器从脊椎深处剖离并取出肾脏。剪断心脏的动脉、静脉，取出心脏。用钝器将肺脏从肋骨中剖离并摘出。剪开喙角，打开口腔，先把喉头与气管一同摘除，然后将食道、嗉囊一同摘出。把直肠拉出腹腔，露出位于泄殖腔背面的腔上囊，剪开与泄殖腔连接处，腔上囊便可摘除。

4. 剪开鼻腔 从鼻孔上部横向剪断上喙部，断面露出鼻腔和鼻甲骨。轻压鼻部可检查鼻腔内是否有内容物。

5. 剪开气管与支气管 将颈部皮肤剪开，即可暴露出气管、支气管，从喉部将其剪开并进行观察。

6. 剪开眶下窦 剪开眼下及嘴角上的皮肤，看到的空腔即是眶下窦。

7. 取脑 剖去头部皮肤，用骨剪剪开顶骨缘，揭开头盖骨，即可露出大脑和小脑。切断脑底部神经，取出大脑。

8. 暴露外部神经 迷走神经在颈椎的两侧，沿食道两旁即可找到。坐骨神经位于大腿两侧，剪去内收肌可露出。肾摘除后露出腰间神经丛。将脊背朝上，剪开肩胛和脊柱之间的皮肤，剥离肌肉，即可看到臂神经。

第二章　培养基的制备技术

大多数微生物均可用人工方法培养,培养基是一种由人工配制的适合微全物生长繁殖和累积代谢产物的营养混合物。由于微生物具有不同的营养类型,对营养物质的要求也各不相同,加之实验和研究的目的不同,所以培养基的种类很多。但就其营养成分来讲,培养基中一般含有微生物所必需的碳源、氮源、矿物质、生长因子以及水分等。

培养基除了满足微生物所必需的营养物质以外,还要求有适宜的酸碱度 pH 值和渗透压。不同的微生物对 pH 值要求不同,大多数细菌、放线菌生长的最适 pH 值为中性至弱碱性,而真菌则偏酸性,所以配制培养基时应将 pH 值调至合适的范围。任何一种培养基一经制成就应及时彻底灭菌,以备使用。一般培养基的灭菌采用高压蒸汽灭菌。

培养基的主要用途有促使微生物生长繁殖、分离微生物的纯种、鉴别微生物种类、保藏微生物的载体和制造各类微生物制品等。

第一节　培养基的分类

一、按物理状态划分

根据培养基的物理状态可将培养基分为液体、半固体和固体三大类。这主要取决于培养基中有无凝胶剂,或凝胶剂添加量的多少而定。

(一)液体培养基

常用的液体培养基是营养肉汤。一般微生物都能在此培养基中生长。液体培养基常用于增菌培养和大量生产。

(二)半固体培养基

在液体培养基中加入少量的凝结剂,一般添加0.2%～0.5%琼脂,成为黏稠的半流动状态,则为半固体培养基。半固体培养基一般供细菌动力学试验,用来观察细菌有无活力。

(三)固体培养基

在液体培养基加入2%～3%琼脂,即成固体培养基;固体培养基融化后分装在试管中可制成斜面(琼脂斜面),分装在平皿内可制成平板(琼脂平板)。固体培养基多用于微生物的分离、纯化及抗菌药物的抑菌效果试验等。

二、按用途划分

根据培养基的用途或使用目的可划分为基础培养基、鉴别培养基、选择培养基、分离培养基、发酵培养基和特殊培养基等。

(一)基础培养基

含有微生物所需要的基本营养成分,如普通肉汤培养基、普通琼脂培养基就属此类。

(二)加富培养基

在基础培养基中再加入葡萄糖、血液、血清或酵母浸膏等物质,可供营养要求较高的微生物生长,如血平板、血清肉汤等。

(三)鉴别培养基

鉴别培养基是以基础培养基作为基础,对其组成成分进行适当的补充或调整而制成的具有某种鉴别功能的培养基。它除了确保所培养的微生物有足够的营养条件外,还能反映出微生物某些形态构造上的特点或生理代谢上的特点。鉴别培养基的种类有很多,例如,用半固体培养基进行穿刺培养以鉴别细菌有无鞭毛;用糖发酵液观察细菌对糖类分解的情况，是否产酸产气；用醋酸铅培养基鉴别细菌能否产生硫化氢等。又如，伊红美蓝琼脂培养基、麦康凯琼脂培养基可用于鉴别大肠杆菌和沙门氏菌。

（四）选择培养基

选择培养基是根据菌种的生理特性而配制的。选择培养基的特点是对所培养微生物的生长不产生影响或影响不大，而对另一些微生物有抑制作用。利用这种培养基可以把所需要的微生物从混杂的其他微生物中分离出来。例如，在培养革兰氏阴性杆菌时，添加胆盐、煌绿、亚硫酸铋等抑菌剂可抑制革兰氏阳性菌生长；在培养沙门氏菌时，在培养基中添加亚硫酸钠或四硫磺酸钠可抑制大肠杆菌生长；又如，我们可通过提高培养基中的酸度或含盐量来培养那些耐盐性或耐酸性好的微生物等。

（五）厌氧培养基

此类培养基专供厌氧菌的分离、培养、鉴别。专性厌氧菌不能在有氧的情况下生长，所以必须将培养基与环境中的空气隔绝，或降低培养基中的氧化还原电势，如在液体培养基的表面加盖凡士林或蜡，或在液体培养基中加入碎肉块，肉渣中含有的不饱和脂肪酸能吸收培养基中的氧。此外，也可以利用物理或化学方法除去培养环境中的氧，以保证厌氧环境。

第二节　培养基的制备技术

一、制备培养基的一般程序

不同类型的培养基其制备程序不尽相同，但一般培养基的制备都包括以下程序：称量→溶解→调节 pH 值→过滤→分装及包扎→灭菌→检验→保存。

称量：按培养基处方准确称取各种成分，先在三角烧瓶中加入少量蒸馏水，再加入各种成分，以防蛋白胨等黏附于瓶底，然后再以剩余的水冲洗瓶壁。

溶解：将各种成分混匀于水中，搅拌、加热，使其溶解。如是配制固体培养基，在琼脂的溶解过程中，需不断搅拌，并控制火力不要使培养基溢出或烧焦。待完全溶解后，补足所失水分。

调节 pH 值：用玻璃棒蘸少许液体，测量 pH 值。若过酸或过碱，可用 0.1moL/L 氢氧化钠或 0.1moL/L 盐酸溶液矫正，加碱或加酸时要精确缓慢，每加 1 滴后要充分混匀，比色后再加第二滴。

过滤：培养基配制后一般都有沉渣或浑浊出现，需过滤成清晰透明后方可使用，常用滤纸、多层纱布或 2 层纱布中夹脱脂棉过滤。

分装及包扎：根据需要将培养基分装于不同容量的三角烧瓶、试管中，管（瓶）口塞上棉塞，最后用牛皮纸将棉塞部分包好。分装的量不宜超过容器的 2/3，以免灭菌时外溢。琼脂斜面分装量约为试管容量的 1/5，灭菌后须趁热放置成斜面，斜面长约为试管长的 2/3；半固体培养基分装量约为试管长的 1/3，灭菌后直立，凝固后待用；高层琼脂分装量约为试管的 1/3，灭菌后趁热直立，凝固后待用；液体培养基分装于试管中，约为试管长度的 1/3。

灭菌：通常用高压蒸汽灭菌法灭菌。但不同的培养基其灭菌温度和时间有所差异。

检验：将制作好的培养基，抽样置 37℃恒温箱内培养 24h 后，证明无菌，符合要求者方可使用。

保存：制好的培养基，不宜保存过久，以少量勤做为宜。每批应注明名称、制作日期等，放在 4℃冰箱内备用。

二、常用培养基的制作

（一）普通肉汤培养基

1. 成分 牛肉膏 3g，蛋白胨 10g，氯化钠 5g，蒸馏水 1 000mL。

2. 制法 将牛肉膏、蛋白胨和氯化钠放于烧杯内加水

1 000mL，用蜡笔在烧杯外做上记号后，放在火上加热溶解，补足失水，用 0.1moL/L 盐酸或 0.1moL/L 的氢氧化钠调整 pH 值为 7.2～7.6，分装在试管或三角瓶中，用棉塞塞上，最后用牛皮纸将棉塞部分包好。置于高压蒸汽灭菌器内，121.3℃高压蒸汽灭菌 15～20min 即成。

3. 用途　制作一般培养基的基础原料，大部分细菌均能在其中生长，可用作观察细菌形成的沉淀物、菌膜、菌环等生长性状。

(二)普通琼脂培养基

1. 成分　牛肉膏 3g，蛋白胨 10g，氯化钠 5g，琼脂 20g，蒸馏水 1 000mL。

2. 制法　将除琼脂外的各成分溶解于蒸馏水中，校正 pH 值为 7.2～7.6，加入剪碎的琼脂(或琼脂粉)，不断搅拌以免粘底，等琼脂完全溶化后补足失水。分装在试管或三角瓶中，用棉塞塞上，最后用牛皮纸将棉塞部分包好。置于高压蒸汽灭菌器内，121.3℃高压蒸汽灭菌 15～20min 即成。分装在试管中的琼脂培养基，趁热斜置冷却即成琼脂斜面。将灭菌(或加热熔化)后的培养基冷至 50℃左右，以无菌操作倾入灭菌平皿内，内径 9cm 的平皿倾注培养基约 15mL，轻摇平皿底，使培养基平铺于平皿底部，待凝固后即为琼脂平板。

3. 用途　供一般细菌的分离培养、纯培养及观察菌落的性状和保存菌种等用，也可作特殊培养基的基础。

(三)半固体培养基

1. 成分　牛肉膏 3g，蛋白胨 10g，氯化钠 5g，琼脂 5～7g，蒸馏水 1 000mL。

2. 制法　将上述成分溶解后，调整 pH 值为 7.2～7.4，分装于试管(约为试管长 1/3)，121.3℃高压蒸汽灭菌灭菌 15min，取出直立试管，待凝固。

3. 用途　用于一般菌种的保存，也可用于观察细菌有无活力。

(四)鲜血琼脂培养基

1. 成分　普通琼脂100mL,无菌脱纤维血液5～10mL。

2. 制法　普通琼脂灭菌后,待冷却至50℃左右,以无菌操作加入无菌脱纤维血液,轻轻摇匀,倾注于灭菌平皿制成鲜血琼脂平板或分装于灭菌试管内,放成斜面。

3. 用途　供特殊营养需要(链球菌、巴氏杆菌)的分离培养,也可供观察细菌的溶血现象。

(五)马铃薯葡萄糖琼脂(PDA)

1. 成分　马铃薯(去皮)200g,葡萄糖20g,琼脂25g,蒸馏水1 000mL。

2. 制法　将马铃薯洗净去皮,切成小块后加水煮沸约30min,用纱布过滤去渣,加入葡萄糖和琼脂,加热溶解,补足加热时失去的水分,分装后,121.3℃灭菌20min,备用。

3. 用途　培养霉菌用。

(六)蛋白胨水培养基

1. 成分　蛋白胨1.0g,氯化钠0.5g,蒸馏水100.0mL。

2. 制法　将上述成分加热溶解,调整pH值为7.6,滤纸过滤后分装于试管中,121.3℃灭菌15min,备用。

3. 用途　供靛基质(吲哚)试验用。

(七)糖发酵培养基

1. 成分　蛋白胨水100.0mL,糖0.5～1.0g,1.6%溴甲酚紫酒精液0.1mL。

2. 制法　将上述成分混合溶解后,分装于带有倒置小发酵管的试管中,115℃灭菌10min,培养基呈紫色。

3. 用途　供需氧菌糖发酵试验用。

(八)葡萄糖蛋白胨水培养基

1. 成分　蛋白胨1.0g,葡萄糖1.0g,磷酸二氢钾1.0g,蒸馏水200.0mL。

2. 制法 将上述成分加热溶解后，调整 pH 值为 7.2，滤纸过滤后分装于试管中，每管 5mL，121.3℃灭菌 20min，备用。

3. 用途 供 MR 试验和 V-P 试验用。

（九）硝酸钾蛋白胨水培养基

1. 成分 蛋白胨 1.0g，硝酸钾 0.1g，蒸馏水 100.0mL。

2. 制法 将上述成分加热溶解后，调整 pH 值为 7.0，滤纸过滤后分装于试管中，每管 5mL，121.3℃灭菌 20min，备用。

3. 用途 供需氧菌硝酸盐还原试验用。

（十）硫化氢试验（纸条法）培养基

1. 成分 蛋白胨 10g，NaCl 5g，牛肉膏 10g，半胱氨酸 0.5g，蒸馏水 1 000mL。

2. 制法 将上述成分加热溶解后，调整 pH 值为 7.0～7.4，分装试管，每管液层高度 4～5cm，112℃灭菌 20～30min。另外，将普通滤纸剪成 0.5～1cm 宽的纸条，长度根据试管与培养基高度而定。用 5%～10%醋酸铅溶液将纸条浸透，然后用烘箱烘干，放于培养皿中灭菌备用。

3. 用途 供硫化氢试验用。

（十一）醋酸盐琼脂培养基

1. 成分 普通琼脂（pH 值 7.4）100mL，硫代硫酸钠 0.25g，10%醋酸铅溶液 10mL。

2. 制法 当溶解状态的琼脂温度低至 60℃时，加入硫代硫酸钠和醋酸铅溶液，混匀，分装至试管约 3～5cm 高，115℃高压蒸汽灭菌 10min，然后冷却成琼脂高层。

3. 用途 供硫化氢试验用。

（十二）柠檬酸盐琼脂培养基

1. 成分 磷酸二氢铵 0.1g，硫酸镁 0.02g，磷酸氢二钾 0.1g，柠檬酸钠 0.2g，氯化钠 0.5g，琼脂 2.0g，蒸馏水 100.0mL，1%溴麝香草酚蓝酒精溶液 0.1mL。

2. 制法 将上述各种成分(指示剂除外)加热溶解后,调整pH值为7.0,加入溴麝香草酚蓝酒精溶液,混合后分装于试管中,121.3℃高压蒸汽灭菌20min,然后摆成斜面。

3. 用途 供柠檬酸盐利用试验用。

(十三)尿素培养基

1. 成分 蛋白胨0.1g,葡萄糖0.1g,氯化钠0.5g,磷酸二氢钾0.2g,琼脂2.0g,蒸馏水90.0mL。0.6%酚红溶液0.2mL,20%尿素水溶液(过滤除菌)10mL。

2. 制法 除尿素外将其他成分依次加入蒸馏水中,加热溶解,补足水分并调整pH值为7.2,分装于烧瓶内,121.3℃高压蒸汽灭菌15min,凉至50℃~55℃时,加入10mL上述除菌的尿素溶液,混匀,分装于灭菌试管内,然后摆成斜面。

3. 用途 供尿素酶试验用。

(十四)明胶培养基

1. 成分 明胶12g,肉汤100mL。

2. 制法 先将明胶加入肉汤中,水浴加热熔化,调整pH值为7.2,分装试管,115℃高压蒸汽灭菌10min,取出后迅速冷却,使其凝固,保存于冰箱中备用。

3. 用途 供明胶液化试验用。

(十五)四硫磺酸钠煌绿增菌液(TTB)

1. 成 分

(1)基础培养基 蛋白胨5g,胆盐1g,碳酸钙10g,硫代硫酸钠30g,蒸馏水1 000mL。

(2)碘溶液 碘6g,碘化钾5g,蒸馏水20mL。

2. 制法 将(1)各成分加入蒸馏水中,加热溶解,分装每瓶100mL。分装时应随时振摇,使其中的碳酸钙混匀。121℃高压蒸汽灭菌15min,备用。临用时每100mL基础培养基中加入碘溶液2mL、0.1%煌绿溶液1mL。

(十六)SS琼脂(可购买SS琼脂干燥培养基)

1. 成　分

(1)基础培养基　牛肉膏5g,蛋白胨5g,三号胆盐3.5g,琼脂17g,蒸馏水1 000mL。

(2)完全培养基　基础培养基100mL,乳糖10g,柠檬酸钠8.5g,硫代硫酸钠8.5g,10%柠檬酸铁溶液10mL,1%中性红溶液2.5mL,0.1%煌绿溶液0.22mL。

2. 制法　将基础培养基各成分混合溶解,121℃高压灭菌15min,保存备用。加热熔化基础培养基,按比例加入上述染料以外的各成分,充分混合均匀,调整pH值为7.0,加入中性红和煌绿溶液,倾注平板。

(十七)麦康凯琼脂(可购买干燥培养基)

1. 成分　蛋白胨17g,朊胨3g,猪胆盐(或牛、羊胆盐)5g,氯化钠5g,琼脂17g,蒸馏水1 000mL,乳糖10g,0.01%结晶紫水溶液10mL,0.5%中性红水溶液5mL。

2. 制法　将蛋白胨、朊胨、胆盐和氯化钠溶解于400mL蒸馏水中,调整pH值为7.2。将琼脂加入600mL蒸馏水中,加热溶解。将两液合并,分装于烧瓶内,121℃高压蒸汽灭菌15min,备用。临用时加热熔化琼脂,趁热加入无菌乳糖,冷至50℃～55℃时,加入结晶紫和中性红水溶液(注:结晶紫及中性红水溶液配好后须经高压蒸汽灭菌),摇匀后倾注平板。

(十八)伊红美蓝琼脂(EMB可购买干燥培养基)

1. 成分　蛋白胨10g,乳糖10g,磷酸氢二钾2g,琼脂17g,2%伊红溶液20mL,0.65%美蓝溶液10mL,蒸馏水1 000mL。

2. 制法　将蛋白胨、磷酸盐和琼脂溶解于蒸馏水中,调整pH值为7.1,分装于烧瓶内,121℃高压蒸汽灭菌15min,备用。临用时加热熔化琼脂,趁热加入无菌乳糖,冷至50℃～55℃,加入伊红和美蓝溶液,摇匀,倾注平板。

(十九)三糖铁琼脂(TSI 可购买干燥培养基)

1. 成分 蛋白胨 20g,牛肉膏 5g,乳糖 10g,蔗糖 10g,葡萄糖 1g,氯化钠 5g,硫酸亚铁铵 0.2g,硫代硫酸钠 0.2g,琼脂 12g,酚红 0.025g,蒸馏水 1 000mL,pH 值 7.4。

2. 制法 将除琼脂和酚红以外的各成分溶解于蒸馏水中,校正 pH 值。加入琼脂,加热煮沸,以熔化琼脂。加入 0.2%酚红水溶液 12.5mL,摇匀。分装于试管,装量宜多些,以便得到较高的底层。121℃高压蒸汽灭菌 15min。放置高层斜面备用。

(二十)察氏培养基

1. 成分 硝酸钠 3g,磷酸二氢钾 1g,硫酸镁($MgSO_4 \cdot 7H_2O$) 0.5g,氯化钾 0.5g,硫酸亚铁($FeSO_4 \cdot 7H_2O$)0.01g,蔗糖 30g,琼脂 20g,蒸馏水 1 000mL。

2. 制法 将上述成分加热溶解,分装后 121℃高压蒸汽灭菌 20min。

3. 用途 用于青霉、曲霉鉴定及保存菌种。

(二十一)高盐察氏培养基

1. 成分 硝酸钠 2g,磷酸二氢钾 1g,硫酸镁($MgSO_4 \cdot 7H_2O$) 0.5g,氯化钾 0.5g,硫酸亚铁($FeSO_4 \cdot 7H_2O$)0.01g,氯化钠 60g,蔗糖 30g,琼脂 20g,蒸馏水 1 000mL。

2. 制法 加热溶解,分装后,115℃高压灭菌 30min。必要时,可酌量增加琼脂。

3. 用途 分离霉菌用。

第三章　细菌的分离培养及鉴定技术

第一节　病料的采集和运送

进行病原菌分离培养时，病料的采集和运送是否得当是能否成功分离到病原菌的关键。因此，在采取病料前，必须对疾病的流行特点、临床表现及尸体剖检等情况有所了解，然后有目的地进行采样。

一、采集病料的注意事项

①取样要新鲜并具有代表性，且应有一定数量。采取禽尸体病料时，原则上越早越好，一般应在家禽死亡后数小时内进行，以防腐败。

②采取的病料尽可能齐全，可多取几处有典型病变的脏器组织及分泌液或渗出液等，这样可避免漏检，提高病原菌的分离阳性率。

③尽可能无菌操作。采集病料所用的器械和容器必须灭菌。在尸体剖检前，应将尸体浸泡在适宜的消毒溶液中，这样既消毒了皮肤和羽毛，又减少了剖检时羽毛和皮屑飞扬对病料和环境的污染。

④剖开腹腔后，先采微生物检验病料，后取病理学检验病料，并尽可能减少病料在空气中暴露的时间。

⑤采集病料后，如不能立即检验，应置于冰箱中冷藏。病理标本需浸泡在10%中性甲醛溶液内。

⑥进行病原菌检验时,根据疾病的类型和性质差异而采集不同的病料,同时做好剖检病变记录或病料送检单。

二、采集病料的方法

(一)血 液

采取全血时,先于灭菌注射器内吸取抗凝剂,如灭菌的 3.8% 柠檬酸钠 1mL,再从心脏或翅静脉采血 4mL,混匀后注入灭菌容器内。

采取血清时,不加抗凝剂,无菌操作采取全血注入灭菌试管或小瓶内,摆成斜面,室温中凝固 1~2h,然后置 4℃过夜,使血块收缩,将血块自容器壁分离,可获取上清液即血清部分。或者将采取的血液置离心管中,待完全凝固后,以 3 000r/min 离心 10~20min,也可获取大量血清。吸出血清装入另一灭菌试管或小瓶内。

(二)组织和实质脏器

从新鲜的尸体无菌采集心、肝、脾、肺、肾等有病变的组织,剪取 2~4cm^3 的小方块,分别置于灭菌容器内。进行细菌分离培养时,先以烧红的镊子烫烙脏器表面,用灭菌的接种环自烫烙部位插入组织中缓缓转动接种环,取少量组织接种于适宜培养基上。

(三)胸腹水、心包液、关节液、脓汁和渗出物

采取胸腹水、心包液、关节液时,可用灭菌的注射器或吸管经烫烙部位插入,吸取液体,然后注入灭菌试管内,塞好棉塞送检。也可用灭菌接种环经消毒部位插入,蘸取病料直接接种于培养基上。采取脓汁和渗出物时,用消毒的棉拭子采取后,置于消毒的试管中送检。

(四)肠道及肠内容物

选取病变明显的肠道部分,将其内容物去掉,用灭菌盐水冲

洗后，放入盛有灭菌的30%甘油盐水缓冲保存液的瓶中送检。如直接镜检，可将肠管剪开，除去内容物，用烧红的镊子轻轻烫烙黏膜表面，将灭菌接种环插入黏膜层，取少量材料接种在培养基上。

肠内容物的采取是先烧烙肠道表面，用灭菌吸管自烧烙处扎透肠壁，吸取内容物放入灭菌试管中，或将带有粪便的肠管两端结扎，从两端剪断送检。

注：30%甘油盐水缓冲保存液配制。组成：甘油300mL，氯化钠4.2g，磷酸氢二钠3.1g，磷酸二氢钾1.0g，0.02%的酚红溶液1.5mL，加蒸馏水至1 000mL。制法：将上述成分混入水中，加热溶化，调整pH值为7.6，分装于试管约7mL，121℃高压蒸汽灭菌15min，置冰箱中保存备用。

(五)皮肤及羽毛

皮肤病料要选取病变明显区的边缘部分，采取少许放入灭菌容器中送检。羽毛也应在病变明显部位采集，用刀刮取少许羽毛及其根部皮屑，放入灭菌容器中送检。

常见禽细菌性疾病的病料采集见表3-1。

表3-1 常见禽细菌性疾病的病料采集

病　名	病原菌	病料采集部位
鸡白痢	鸡白痢沙门氏菌	肝、脾、肺、卵巢、输卵管
鸡伤寒	鸡伤寒沙门氏菌	肝、脾
大肠杆菌病	致病性大肠杆菌	肝、脾、卵巢、输卵管、鼻窦、气囊、气管、眼、关节
传染性鼻炎	副鸡嗜血杆菌	鼻窦、气囊、气管、眼
禽霍乱	多杀性巴氏杆菌	肝、脾、血液、关节

续表 3-1

病　名	病原菌	病料采集部位
铜绿假单胞菌病	铜绿假单胞菌	肝、脾、血液
坏死性肠炎	魏氏梭菌	肠道
葡萄球菌病	金黄色葡萄球菌	肝、脾、血液、关节、皮肤、肌肉
链球菌病	兽疫链球菌、粪链球菌	肝、脾、血液
慢性呼吸道病	鸡毒支原体	气管、气囊
曲霉菌病	烟曲霉菌、黄曲霉	肺、眼
溃疡性肠炎	大肠梭菌	肝、脾、血液、肠道

三、病料的运送

涂片要求薄而均匀，自然干燥后为防止玻片相互摩擦，玻片之间应垫以火柴棒并将最上面的一张反扣，使涂面向下，用细线扎好，最后用纸包好，运送。

试管和广口瓶中的病料应密封后装在冰壶中运送，防止翻倒。

整只禽的尸体，应用适宜消毒液浸泡的布包好，装入塑料袋中运送。

送检病料应附病料记录，如送检单位、地址、禽的品种、性别、日龄、送检病料的种类、检验的目的、死亡日期、送检日期、送检人姓名以及临床病历摘要（发病时间、死亡情况、临床表现、接种疫苗情况、用药情况）。病料送检单见表 3-2。

表 3-2　病料送检单

采集病料的地址		送检人		
家禽类别		年　龄	品　种	
防疫种类及日期				
临床病历摘要				
送检要求				
送检单位				
送检时间				

第二节　细菌的分离培养

细菌的分离培养和获得纯菌是禽病实验室工作者必须掌握的一项最基本的实验室操作技术，也是诊断细菌性传染病、研究致病菌疾病特征及制造细菌性生物制品的重要基础。

一、分离培养注意事项

第一，严格的无菌操作。无论采集待检样品，还是进行培养基接种，必须树立无菌操作观念，以防止外界微生物污染待检样品或病原菌感染操作者本人。为此，必须做好以下两方面工作。①对所有待检材料都尽可能在无菌条件下操作，即用灭菌的器械采取，放入灭菌的容器中保存或运送。②接种用的器械在接种前必须预先灭菌，接种时要尽可能防止外界微生物污染。

第二，适宜的生长条件。根据待检材料中病原菌的特征，考虑和确定细菌生长发育的适宜条件。①应选取合适的培养基，如果培养基选择不当，则会导致分离失败。在对待检材料进行性质不明的细菌初次分离培养时,一般应尽量多选用几种培养基,如普通培养基、特殊培养基、厌氧培养基等。②要考虑细菌所需的大气环境,对于性质不明的细菌材料最好多接种几份培养基,分别放在普通大气、厌氧环境或含有5%～10%二氧化碳(CO_2)的容器中培养。最后,要考虑培养温度和时间。

二、细菌分离培养的方法

(一)需氧菌的分离培养法

1. 平板划线分离法 此法是最常用的分离培养细菌的方法。平板划线是通过将被检材料划线稀释而获得独立的单个菌落,以便根据菌落性状进行鉴别和纯培养。

操作方法:①右手持接种环,使用前在酒精灯火焰上灭菌,灭菌时先将接种棒直立灭菌,再横向持棒灼烧金属部分。②用接种环蘸取欲检病料少许,如为脏器,先将表面烧烙后,用灭菌解剖刀切开,以灭菌接种环由切口插入、转动、钩取组织。③接种培养平板时以左手掌托平皿,拇指、食指和中指将平皿盖揭开呈20°角(图3-1)。角度大小以方便划线为度。但角度越小越好,以免空气中的杂菌污染培养基。④将所取材料涂布于平板培养基边缘,然后将多余的细菌在火焰上灼烧,待接种环冷却后再与所涂细菌轻轻接触,开始划线,划线方法见图3-2。⑤划线时尽量将接种环与培养基表面平行,不致划破培养基。线条不宜过多重复,以免不能形成单个菌落。⑥划线毕,接种环经火焰灭菌后放好,在平皿底部注明病料名称和培养日期,将平皿倒置于37℃恒温箱中培养18～24h后观察。少数生长缓慢的细菌则需培养3～7d。

2. 琼脂斜面分离法 ①取琼脂斜面3管,用接种环蘸取欲检病料少许,将接种环伸入第一管斜面培养基,勿碰及斜面和管壁,直达斜面底部,从斜面底部开始划曲线,向上至斜面顶端为止。②然后抽出接种环,不经烧灼,继续在第二管、第三管斜面上做同样划线。③划毕，接种环火焰灭菌，试管口火焰灭菌后塞好棉塞，置37℃恒温箱中培养24h后观察。经此法分离培养后，第二管的菌落较第一管为少，第三管的菌落更少，如此较易得到单个菌落。

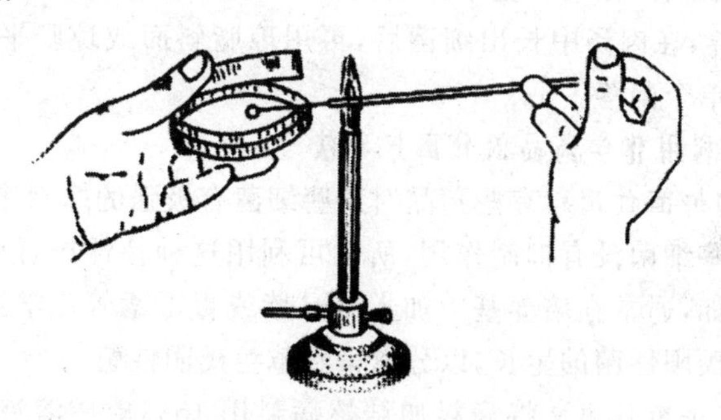

图 3-1　平板划线分离示意图

图 3-2　琼脂平板上各种方式的划线分离法

3. 增菌分离法　当组织病料中含病原菌少，或有抗菌药残留时，用上述琼脂斜面或平板分离法可能无菌落长出，为了提高由病料中分离培养细菌的机会，多用普通肉汤或血清肉汤做增菌培养。方法是用灭菌的接种环无菌取病料少许，倾斜液体培养基，先在液面与管壁交界处摩擦接种物（以试管直立后液体能淹没接种物为准），然后在液体培养基中摆动接种环，塞好棉塞后轻轻混合。经24h培养，在肉汤中长出细菌后，再用琼脂斜面或琼脂平板分离，以获得单个菌落。

4. 利用化学药品的分离培养法

(1)抑菌作用　有些药品对某些细菌有极强的抑制作用，而对另外一些细菌没有抑制作用，所以可利用这种特性进行细菌的分离。例如，通常在培养基中加入结晶紫或青霉素等化学药品来抑制革兰氏阳性菌的生长，以分离得到革兰氏阴性菌。

(2)杀菌作用　将病料如结核病料用15%硫酸溶液处理，其他杂菌均被杀死，而结核杆菌因具有抗酸性而存活。

(3)鉴别作用　利用细菌对某种糖的分解能力，通过培养基中指示剂的变化来鉴别某种细菌。例如，远藤氏培养基、麦康凯培养基可以用来鉴别大肠杆菌与沙门氏杆菌。

5. 实验动物分离法　被检病料中疑有某种病原菌存在，可将病料以无菌操作取出，放入灭菌乳钵或组织匀浆器内，加3～5倍量无菌生理盐水制成混悬液，吸取一定量混悬液注射（肌内、腹腔、皮下或静脉）入易感实验动物，待实验动物死后，取其脏器，常可分离到纯的病原菌。

(二)厌氧性细菌的分离培养

厌氧菌由于酶系统不同，需要在较低的氧化还原电势下才能生存。为了培养厌氧菌，需要清除培养基中的氧气，降低培养基的电势。常用的培养方法有化学方法、生物学方法和物理方法。可根据各实验室的具体情况选用。

1. 化学方法

(1)焦性没食子酸法　焦性没食子酸法在碱性溶液中能吸收

大量氧气，同时由淡棕色变成深棕色的焦性没食子橙。每 100cm^3 空间，用焦性没食子酸 1g 及 10％氢氧化钠溶液 10mL。该法简单，用于厌氧不严格的厌氧菌的培养，如梭状芽孢杆菌。具体有以下几种方法。

①单个平皿法：将厌氧菌接种于葡萄糖血琼脂平板上。取一洁净的玻璃板，上铺纱布或棉花，均匀撒上焦性没食子酸 0.2g，然后从棉花边缘滴入 10％氢氧化钠溶液 1mL，迅速将已接种细菌的平板倒扣在上面，用熔化的石蜡封边，造成一个封闭空间。焦性没食子酸与碱反应后耗氧。

②试管法（Buchner 氏法，图 3-3）：取血琼脂斜面一支，将被检材料接种其上。取另一支大试管，在管底放焦性没食子酸 0.5g 及玻璃球数个。将接种后的血斜面试管放入大试管中，迅速加入 20％氢氧化钠溶液 1mL，立即将管口用橡皮塞塞紧，再以石蜡密封，置于 37℃恒温箱中培养 2～3d 后，取出可观察。

③玻璃罐或干燥器法：取适当大小易于密封的玻璃罐或干燥器，根据计算好的容器容积，称量焦性没食子酸并配制氢氧化钠溶液。先将氢氧化钠溶液置于罐底，将焦性没食子酸用纱布包好，系上细线，吊于管中，勿让其与氢氧化钠接触，放好隔板，将接种好的平板或试管置于隔板上，放下焦性没食子酸纱布包，使其落入氢氧化钠溶液中，迅速将盖盖好，并用石蜡或凡士林密封，置于 37℃恒温箱中培养 2～3d 后，取出观察。

（2）李伏夫氏法（图 3-4）　此法系用连二亚硫酸钠和碳酸钠以吸收空气中的氧气，其反应式如下：

$$Na_2S_2O_4 + Na_2CO_3 + O_2 \rightarrow Na_2SO_4 + Na_2SO_3 + CO_2$$

方法：取一有盖的玻璃罐，罐底垫一薄层棉花，将接种好的琼脂平板重叠正放于罐内（如系液体培养基，则直立于罐内），最上端保留可容纳 1～2 个平皿的空间，根据玻罐的体积按每 1 000cm^3 空间用连二亚硫酸钠及碳酸钠各 30g，在纸上混匀后，盛于上面的空平皿中，加水少许使混合物潮湿，但不可过湿，以免罐内水分过多。另将美蓝指示剂（即 0.015%美蓝溶液、0.006M 氢氧化钠溶液及 6%无菌葡萄糖水，3 种溶液等量混合）一管置罐中，将盖盖上，用胶泥封口，置于恒温箱中培养。

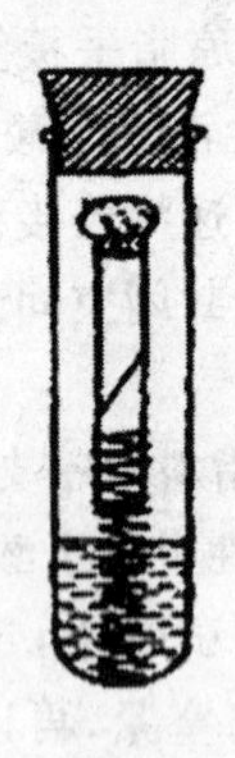

图 3-3 Buchner 氏法厌氧培养法

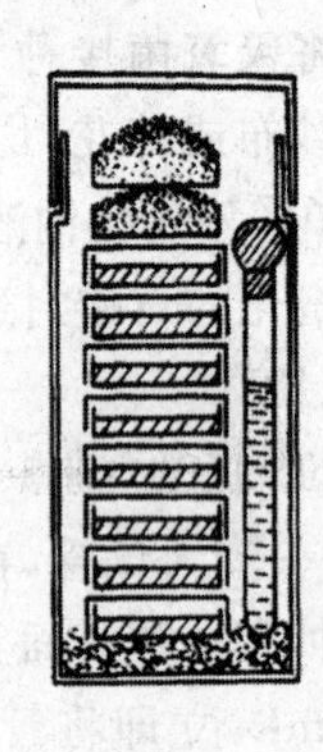

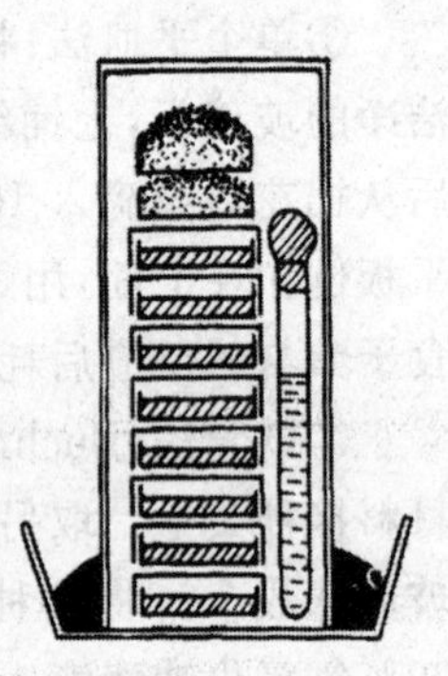

图 3-4 李伏夫氏厌氧培养法

(3)硫乙醇酸钠法　硫乙醇酸钠（$HSCH_2COONa$）是一种还原剂，加入培养基中，能除去其中的氧或还原氧化型物质，促使厌氧菌生长。其他可用的还原剂包括葡萄糖、维生素 C、半胱氨酸等。

①液体培养基法：将细菌接种入含 0.1%硫乙醇酸钠液体培养基中，37℃培养 24～48h 后观察，本培养基中加美蓝液作为氧化还原的指示剂，在无氧条件下，美蓝被还原成无色。

②固体培养基法：常采用特殊结构的 Brewer-氏培养皿，可使厌氧菌在培养基表面生长而形成孤立的菌落。操作过程是先将 Brewer-氏皿干热灭菌，将熔化且冷却至 50℃左右的硫乙醇酸钠固体培养基（加入美蓝作指示剂）倾入皿内。待琼脂冷凝后，将厌氧菌接种于培养基的中央部分。盖上皿盖，使皿盖内缘与培养基外围部分相互紧密接触（图 3-5）。此时皿盖与培养基中央部分留

在空隙间的少量氧气可被培养基中的硫乙醇酸钠还原，故美蓝应逐渐褪色，而外缘部分，因与大气相通，故仍呈蓝色。将 Brewer 氏培养皿置于 37℃恒温箱内，经过 24～48h 后观察。

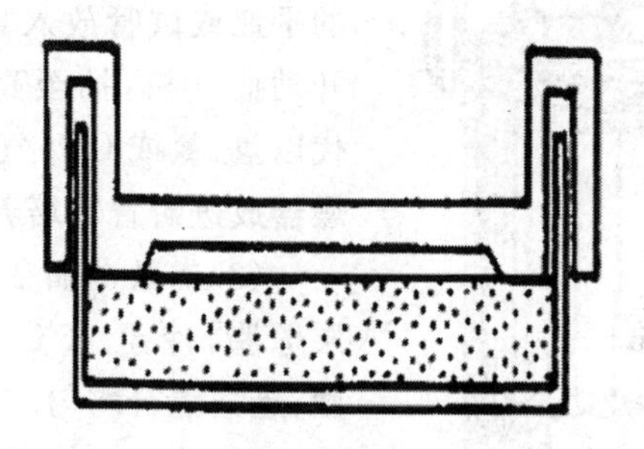

图 3-5 Brewer 氏培养皿

2. 生物学方法 在培养基内加入动植物组织，如马铃薯、发芽谷物或肌肉、心、脑、肝等，由于组织的呼吸作用或组织中的可氧化物质消耗氧气，形成一个厌氧环境。常用牛心脑浸液培养基、厌氧肝肉汤培养基等。另外，可以将需氧菌和厌氧菌共同接种在同一培养基内，利用需氧菌消耗氧气后，厌氧菌即能生长。如将需氧枯草杆菌接种于培养基的一半，另一半接种厌氧菌。接种后将平皿倒扣在一块玻璃板上，然后用石蜡密封。置于 37℃恒温箱中培养 2～3d 后，即可观察到需氧菌和厌氧菌均先后生长。

3. 物理方法 利用加热、密封、抽气等物理学方法，以驱除或隔绝环境及培养基中的氧气，使其形成厌氧状态，有利于厌氧菌的生长发育。

(1)**厌氧罐法** 常用的厌氧罐有 Brewer-氏罐、Broen 氏罐和 Mclntosh-Fildes 二氏罐(图 3-6)。将接种好的厌氧菌培养皿依次放于厌氧罐中，先抽去部分空气，然后放入氢气至正常大气压。通电，使罐中残存的氧与氢经铂或钯的催化而化合成水，使罐内氧气全部耗尽。将整个厌氧罐放入孵育箱培养。本法适用大量的厌氧菌培养。

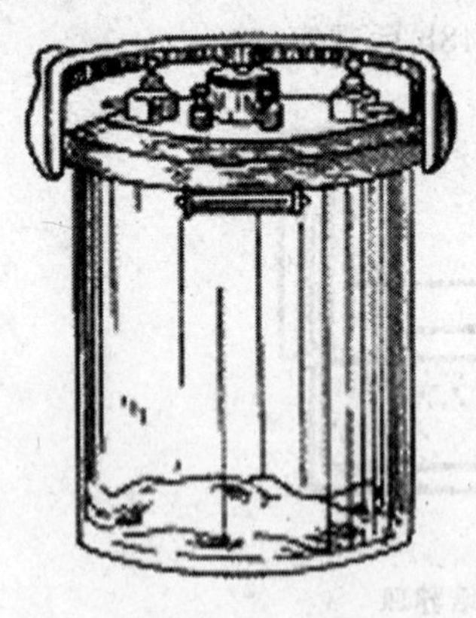

图 3-6 Mc1ntosh-Fildes 二氏厌氧罐

(2)真空干燥器法　将欲培养的平皿或试管放入真空干燥器中，开动抽气机，抽至高度真空后，替代以氢、氮或 CO_2 气体。将整个干燥器放进孵育箱培养。

(3)高层琼脂法　加热熔化高层琼脂，冷至 45℃左右接种厌氧菌，迅速混合均匀。冷凝后 37℃培养，厌氧菌在近管底处生长。

(4)加热密封法　将液体培养基水浴加热 10min，驱除溶解于液体中的空气，取出，迅速置于冷水中冷却。接种厌氧菌后，在培养基液面覆盖一层约 0.5cm 的无菌凡士林或石蜡，置 37℃培养。

(三)二氧化碳培养法

有些细菌如副鸡嗜血杆菌、弯曲杆菌等，孵育时，需在含 5%～10% CO_2 气体条件下，方能使之生长繁殖旺盛。常用的培养方法有以下几种。

1. 二氧化碳培养箱　将已接种好的培养基置于二氧化碳培养箱内，按需要调节箱内 CO_2 浓度。

2. 烛缸法　将已接种好的培养基置于有盖玻璃缸内，并点燃一支蜡烛直立于缸中，缸盖边缘涂以凡士林密封。当火焰熄灭时，该缸的大气中 CO_2 含量占 5%～10%。随后连同容器一并置于 37℃恒温箱中培养。培养时间一般为 18～24h，少数菌种需培养 3～7d 或更长。

3. 化学法　按每升容积加入碳酸氢钠 0.4g 和浓盐酸

0.35mL 的比例，分别置于容器内。将容器连同接种好的培养基都放入干燥器内，盖紧干燥器的盖子，倾斜容器使浓盐酸与碳酸氢钠接触生成 CO_2。

三、纯培养菌的获得与移植

将划线分离培养 37℃、24h 的平板从温箱取出，挑取单个菌落，经染色镜检，证明不含杂菌，此时用接种环挑取单个菌落，移植于琼脂斜面培养，得到的培养物，即为纯培养物，再做其他各项试验检查和致病性试验等。

从平板培养基上选取可疑菌落移植到琼脂斜面上做纯培养时，操作如下：①右手持接种棒，将接种环火焰灭菌，左手打开平皿盖，挑取可疑菌落，左手盖上平皿盖并将平皿放于桌面上。②左手立即取斜面管，以右手无名指及小拇指拔去并夹持棉塞，将管口在火焰上灭菌。③将接种环伸入斜面培养基，勿碰及斜面和管壁，直达斜面底部。从斜面底部开始划曲线，向上至斜面顶端为止，尽可能密而匀。④划毕，接种环火焰灭菌，试管口火焰灭菌后塞好棉塞。将斜面培养基置于 37℃恒温箱中培养。

两试管斜面移植时，操作如下：①左手斜持菌种管和被接种琼脂斜面管，使管口互相并齐，管底部放在拇指和食指之间，松动两管棉塞，以便接种时容易拔出（图 3-7）。②右手持接种棒，在火焰上灭菌后，用右手小指和无名指并齐同时拔出两管棉塞，将管口进行火焰灭菌，使其靠近火焰（图 3-8）。③将接种环伸入菌种管内，先在无菌生长的琼脂上接触使之冷却，再挑取少许细菌后拉出接种环立即伸入另一管斜面培养基上，勿碰及斜面和管壁，直达斜面底部。从斜面底部开始划曲线，向上至斜面顶端为止，管口通过火焰灭菌，将棉塞塞好（图 3-9）。④接种完毕，接种环通过火焰灭菌后放下接种棒。最后在斜面管壁上注明菌名、日期和接种者，置 37℃恒温箱中培养。

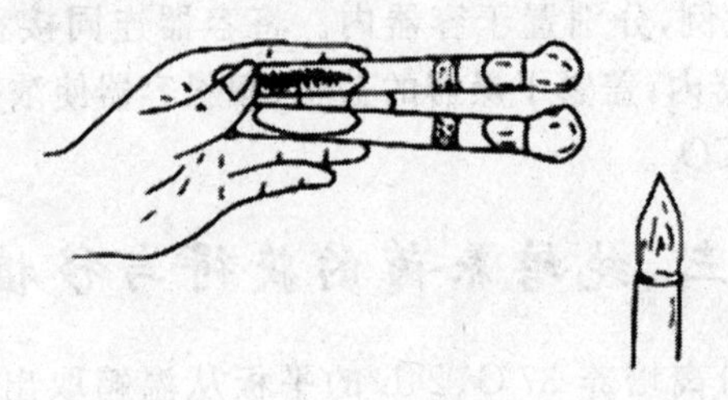

图 3-7　手持试管法

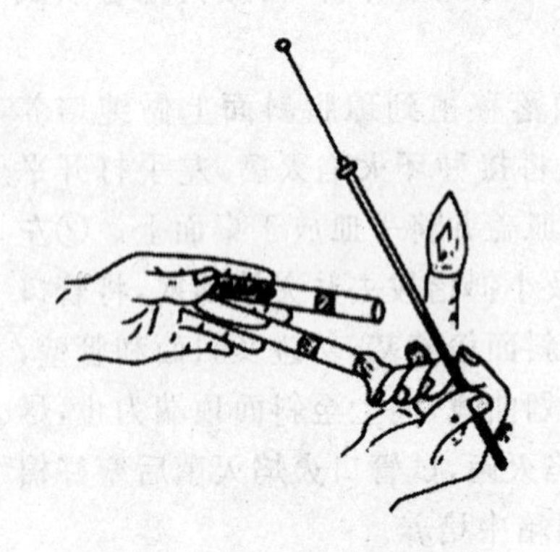

图 3-8　拔试管棉塞示意图

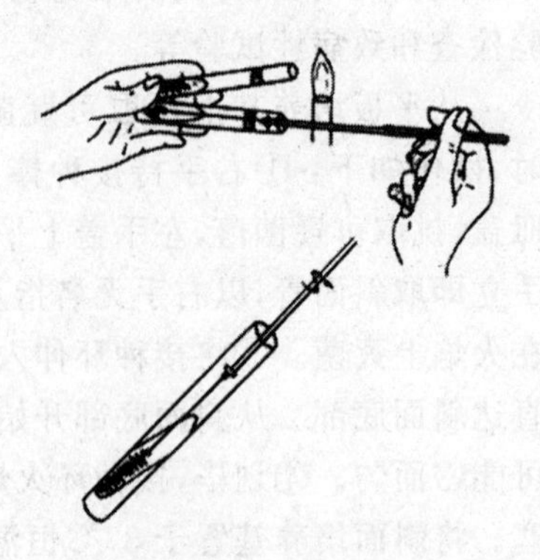

图 3-9　斜面接种方法示意图

第三节　细菌的鉴定

通过分离培养获得的病原菌，必须达到不含其他微生物的纯培养程度，才能进行系统鉴定。微生物鉴定的一般程序是根据其形态、生长、生化特性等定种，最后根据抗原的免疫血清学检查定型。

一、形态学检查

细菌的形态结构观察主要是通过染色，在显微镜下对其形状、大小、排列方式、细胞结构（包括细胞壁、细胞膜、细胞核、鞭毛、芽孢等）及染色特性进行观察，直观地了解细菌在形态结构上特性，根据不同细菌在形态结构上的不同达到区别和鉴定细菌的目的。

（一）涂片标本的制备

1. 涂片　根据所用材料不同，抹片的方法也有差异。

（1）液体培养物及液体病料　用灭菌的接种环取 1～2 环细菌培养液或液体病料（如浓汁、血液），于洁净玻片的中央均匀地涂布成适当大小的薄层。

（2）固体培养物　用灭菌的接种环取一环蒸馏水（或生理盐水）于玻片的中央，再用灭菌接种环挑取 1 个菌落于蒸馏水中混合，均匀地涂布成适当大小的薄层。

（3）组织触片　用灭菌的剪刀、镊子将病变组织做无菌切开，然后用切面在玻片的中央接触一下或稍用力印压成一薄层。

（4）血片制备　取血液一滴置载玻片的一端，然后另取一张边缘平滑的载玻片作为推片，推片从血滴前沿方向接触血液，使血液沿推片散开，推片与载玻片保持 30°～45°夹角，平稳地向前推动，血液即在载玻片上形成薄层血膜。

2. 干燥　将抹片置于空气中让其自然干燥。

3. 固定　固定的方法因材料不同而异。

（1）火焰固定　细菌培养物涂片常采用火焰固定法，将干燥好的玻片涂面朝上，以其背面在酒精灯火焰上来回通过数次，略作加热，以不烫手背为度。

（2）化学固定　血液、组织等涂片常采用此法固定，可将干燥好的玻片浸入甲醇中 2～3min 后取出晾干，或在涂片上滴加数滴甲醇使其作用 2～3min 后自然挥发干燥。做瑞氏染色的涂片不需固定,因染色液中含有甲醇,有固定作用。

(二)常用染色液的配制

1. 染料饱和酒精溶液的配制 配制染色液常先将染料配成可长期保存的饱和酒精溶液,用时再予以稀释配制。配制饱和酒精溶液,应先用少量95%酒精与染料在研钵中徐徐研磨,使染料充分溶解,然后再加95%酒精至规定量,贮存于棕色瓶中即可。几种常见染料在95%酒精中的溶解度见表3-3。

表3-3 几种常用染料在95%酒精中的溶解度 (26℃)

染料名称	100mL水中的饱和度(g)	100mL95%酒精中的饱和度(g)
美　蓝	3.35	1.48
结晶紫	1.68	13.87
龙胆紫	2.5～4.0	10.0
碱性复红	1.13	3.20
沙　黄	5.45	3.41

2. 常用染色液的配制

(1)革兰氏染色液

①草酸铵结晶紫染色液:取结晶紫饱和酒精溶液2mL,加蒸馏水18mL稀释10倍,再加入1%草酸铵水溶液80mL,混合过滤即成。

②革兰氏碘溶液:将碘化钾2g置乳钵中,加蒸馏水约5mL。再加入碘片1g,予以研磨,并徐徐加水,至完全溶解后,注入瓶中,再加蒸馏水至全量为300mL即成。配成后贮于棕色瓶内备用。

③95%乙醇或乙醇与丙酮(7∶3)混合液:用于脱色,脱色后可选用以下④或⑤其中一项复染即可。

④稀释石炭酸复红溶液：取3%复红酒精溶液10mL，加入5%石炭酸溶液90mL混合过滤即成石炭酸复红染色液，将此染色液以蒸馏水稀释10倍即成稀释石炭酸复红溶液。

⑤沙黄溶液：沙黄也称番红。将沙黄饱和酒精溶液以蒸馏水稀释10倍即成。此液保存期以不超过4个月为宜。

(2)碱性美蓝染色液　取美蓝饱和酒精溶液30mL，加入0.01%氢氧化钾溶液100mL，混合即成。此染色液在密闭条件下可保存多年。

(3)瑞氏染色液　取瑞氏染料0.1g置乳钵中，徐徐加入甲醇，研磨以促其溶解。将溶液倾入棕色玻瓶中，并数次以甲醇洗涤乳钵液，也倾入瓶内，最后使全量为60mL即可。将此瓶置暗处过夜，次日滤过即成。此染色液须置于暗处，其保存期约为数月。

(4)姬姆萨氏染色液　取姬姆萨氏染料0.6g加入甘油50mL中，置55℃～60℃水浴中1.5～2h后，加入甲醇50mL，静置1d后，滤过即成姬姆萨氏染色原液。临用时取1mL原液加19mL pH值7.4磷酸缓冲液，或取5～10滴原液于5mL新煮过的中性蒸馏水中混合均匀即成姬姆萨氏染色液。

(三)细菌常用的染色法

1. 碱性美蓝染色法　在已干燥、固定好的涂片或触片上滴加适量的美蓝染色液1～2min后，水洗，用吸水纸吸干或自然干燥，镜检。荚膜呈淡红色，菌体呈蓝色，异染颗粒呈淡紫红色。

2. 瑞氏染色法　在已干燥、固定好的涂片或触片上滴加瑞氏染色液，为避免干燥，可适当多加一些，或视情况补充滴加；1～3min后再加与染液等量的中性蒸馏水或磷酸缓冲液，轻轻晃动玻片，使之与染色液混合均匀，再经3～5min后，直接用水冲洗，干后镜检。细菌被染成蓝色，组织和细胞等物呈其他颜色。

3. 姬姆萨染色法　先将姬姆萨染色原液稀释成姬姆萨染色液。涂片自然干燥后滴加数滴甲醇固定5min，干燥后滴加足量的染色液，或将涂片浸入盛有染色液的染色缸中，染色 30min 至数小时或 24h 后取出，水洗，干燥，镜检。细菌被染成蓝色，组织、细胞呈其他颜色，视野呈红色。

4. 革兰氏染色法 在已干燥、固定好的涂片上滴加适量的草酸铵结晶紫染色液，染色 1～2min→水洗→加革兰氏碘液，作用 1～2min→水洗→加 95％酒精脱色 0.5～1min→水洗→加稀释石炭酸复红（或沙黄）染色液复染 1min→水洗→干燥→镜检。革兰氏阳性菌呈蓝紫色，革兰氏阴性菌呈粉红色。

5. 荚膜染色法

（1）负染色法 取洁净的载玻片 1 块，加蒸馏水 1 滴，取少量菌体放入水滴中混匀并涂布；将涂片放在空气中晾干或用电吹风冷风吹干；在涂面上加复红染色液染色 2～3min；用水洗去复红染液；将染色片放空气中晾干或用电吹风冷风吹干；涂黑素，在染色涂面左边加 1 小滴黑素，用一边缘光滑的载玻片轻轻接触黑素，使黑素沿玻片边缘散开，然后向右一拖，使黑素在染色涂面上成为一薄层，并迅速风干；镜检，先低倍镜，再高倍镜观察。结果：背影灰色，菌体红色，荚膜无色透明。

（2）湿墨水法 加 1 滴墨水于洁净的载玻片上，挑少量菌体与其充分混合均匀；放一清洁盖玻片于混合液上，然后在盖玻片上放一张滤纸，向下轻压，吸去多余的菌液。最后镜检，先用低倍镜、再用高倍镜观察。结果：背景灰色，菌体较暗，在其周围呈现一明亮的透明圈即为荚膜。

（3）干墨水法 加 1 滴 6％葡萄糖液于洁净载玻片一端，挑少量菌体与其充分混合，再加 1 环墨水，充分混匀；然后左手执玻片，右手另拿一边缘光滑的载玻片，将载玻片的一边与菌液接触，使菌液沿玻片接触处散开，然后以 30°角，迅速而均匀地将菌液拉向玻片的一端，使菌液铺成一薄膜；空气中自然干燥；用甲醇浸没涂片，固定 1min，立即倾去甲醇；在酒精灯上方，用文火干燥。用甲基紫染 1～2min；用自来水轻洗，自然干燥。最后镜检，先用低倍镜再高倍镜观察。结果：背景灰色，菌体紫色，荚膜呈一清晰透明圈。

6. 芽孢染色法　常用孔雀绿沙黄染色法。

孔雀绿沙黄染色法：涂片经火焰固定后，加 5%孔雀绿溶液于涂片处；然后将涂片放在铜板上，用酒精灯火焰加热至染液冒蒸汽时开始计算时间约保持 15～20min，加热过程中要随时添加染色液，切勿让标本干涸，加热时温度不能太高；待玻片冷却后，用水轻轻地冲洗。再用沙黄溶液染色 5min。水洗、晾干或吸干。镜检：先低倍，再高倍，最后在油镜下观察芽孢和菌体的形态。结果：芽孢呈绿色，菌体为红色。

7. 鞭毛染色法

(1)镀银染色法

硝酸银染色液的配制：

A 液：丹宁酸 5g、氯化铁 1.5g、蒸馏水 100mL。待溶解后，加入 1% 氢氧化钠溶液 1mL 和 15%甲醛溶液 2mL。

B 液：硝酸银($AgNO_3$)2g、蒸馏水 100mL，待硝酸银溶解后取出 10mL 备用，向其余的 90mL $AgNO_3$ 中滴入氨水，使之成为很浓厚的悬浮液，再继续滴加氨水，直到新形成的沉淀又重新刚刚溶解为止。再将备用的 10mL $AgNO_3$ 缓慢滴入，则出现薄雾，但轻轻摇动后，薄雾状沉淀又消失，再滴入 $AgNO_3$，直到摇动后仍呈现轻微而稳定的薄雾状沉淀为止。配好的染色液当日有效，4 小时内效果最好。

染色方法：主要包括以下几个步骤。

①清洗玻片：选择光滑无裂痕的玻片，最好选用新的。为了避免玻片相互重叠，应将玻片插在专用金属架上，然后将玻片置洗衣粉过滤液中(洗衣粉煮沸后用滤纸过滤，以除去粗颗粒)，煮沸 20min。取出稍冷后用自来水冲洗、晾干，再放入浓洗衣粉液中浸泡 5～6d，使用前取出玻片，用自来水冲去残酸，再用蒸馏水洗。

将水沥干后，放入95%乙醇中脱水。

②菌液的制备及制片：染色前应将待染细菌在新配制的牛肉膏蛋白胨培养基斜面上连续移接3～5代，要求培养基表面湿润，斜面基部含冷凝水，以增强细菌的运动力。最后一代菌种放恒温箱中培养12～16 h。然后，用接种环挑取斜面与冷凝水交接处的菌液数环，移至盛有1～2mL无菌水的试管中，使菌液呈轻度混浊。将该试管放在37℃恒温箱中静置10min(放置时间不宜太长，否则鞭毛会脱落)，让幼龄菌的鞭毛松展开。然后，吸取少量菌液滴在洁净玻片的一端，立即将玻片倾斜，使菌液缓慢地流向另一端，用吸水纸吸去多余的菌液。涂片放空气中自然干燥。

③染色：滴加A液，染4～6min。用蒸馏水充分洗净A液。用B液冲去残水，再加B液于玻片上，在酒精灯火焰上加热至冒气，约保持0.5～1min(加热时应随时补充蒸发掉的染料，不可使玻片出现干涸区)。用蒸馏水洗，自然干燥。

④镜检：先用低倍镜，再用高倍镜，最后用油镜检查。

结果：菌体呈深褐色，鞭毛呈浅褐色。

(2)改良Leifson氏染色法

Leifson氏染色液的配制：钾明矾饱和溶液20mL，20%鞣酸溶液10mL，蒸馏水10mL，95%酒精15mL，碱性复红饱和酒精溶液3mL。依上列次序将各液混合，置于紧塞玻瓶中，其保存期为1周。

染色方法，主要包括以下几个步骤：

①载玻片清洗及菌种材料的准备同硝酸银染色法。

②用记号笔在载玻片反面将玻片分成3～4个等分区，在每一小区的一端放1小滴菌液，将玻片倾斜，让菌液流到小区的另一端，用滤纸吸去多余的菌液，室温自然干燥。

③染色：加Leifson氏染色液覆盖第一区的涂面，隔数分钟后，加染液于第二区涂面，如此继续染第三、第四区，间隔时间自行

议定，其目的是为了确定最佳染色时间。在染色过程中仔细观察，当整个玻片都出现铁锈色沉淀、染料表面现出金色膜时，即直接用水轻轻冲洗（不要先倾去染料再冲洗，否则背景不清），染色时间大约 10min，自然干燥。

④镜检：干后用油镜观察。

结果：菌体和鞭毛均呈红色。

二、培养特性观察

细菌培养特性的观察是微生物检验鉴别中的一项重要内容。

（一）细菌在固体培养基上的生长表现

细菌在固体培养基上的生长繁殖，形成一个个肉眼可见的细菌集团，称为菌落。不同细菌在某种培养基中生长繁殖，所形成的菌落特征有很大差异，而同一种细菌在一定条件下，培养特征却有一定稳定性。以此可以对不同细菌加以区别鉴定。

观察菌落特征，主要内容有以下几个方面：

1. 观察菌落大小　菌落的大小，用毫米（mm）表示。一般不足 1mm 者为露滴状菌落（又可分为针尖大、针头大菌落）；1～2mm 者为小菌落；2～4mm 者为中等大菌落；4～6mm 或更大者为大菌落或巨大菌落。

2. 形状　圆形，根足形，辐射形，树叶形等（图 3-10）。

3. 表面　光滑，湿润，粗糙，漩涡状，颗粒状，荷包蛋状等。

4. 边缘　整齐，锯齿状，网状，树叶状，虫蛀状，卷发状等。

5. 隆起度　扁平，隆起，轻度隆起，中央隆起，凹陷状等（图 3-11）。

6. 颜色　无色，灰白色，白色，金黄色，红色，粉红色等。

7. 透明度　透明，半透明，不透明。

8. 气味　无味，恶臭，水果香，特殊气味等。

9. 溶血性　在鲜血琼脂平板上观察有无溶血。如在菌落周围有 2～4mm 宽的完全透明溶血环，称完全溶血（β 溶血）；在菌落

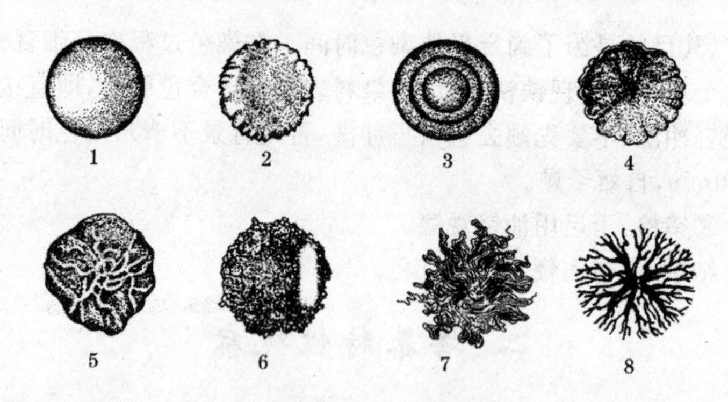

图 3-10 菌落的形状、边缘和表面构造

1. 圆形、边缘整齐、表面光滑 2. 圆形、叶状边缘、表面有放射状皱褶
3. 圆形、边缘整齐、表面有同心圆 4. 圆形、锯齿状边缘、表面较不光滑
5. 不规则形、波浪状边缘、表面有不规则皱纹
6. 圆形、边缘残缺不全、表面呈颗粒状 7. 毛状 8 根状

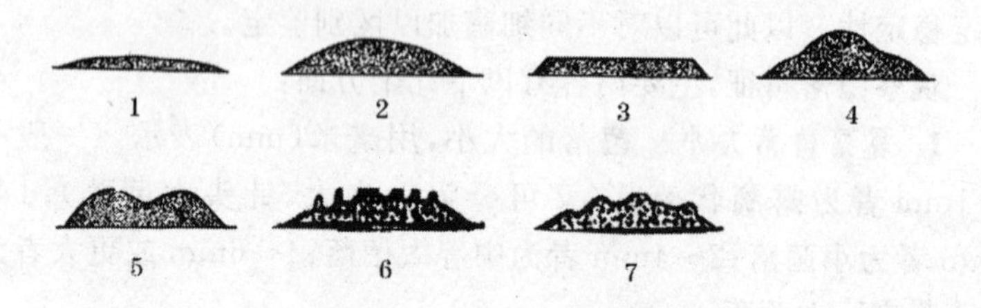

图 3-11 菌落的隆起度

1. 扁平状 2. 隆起 3. 台状 4. 纽扣状
5. 凹陷状 6. 乳头状 7. 褶皱凸面

周围有 1～2mm 宽的绿色不完全溶血环，称不完全溶血（α 溶血）；在菌落周围不溶血（γ 溶血）。

（二）细菌在液体培养基上的生长表现

1. 浑浊度 清亮，不浑浊，轻度浑浊，中度浑浊，高度浑浊等。

2. 沉淀物 有、无、多、少，沉淀物性状（粉末状、颗粒状、絮状、黏液状等），振摇后是否易散开。

3. 液体表面　有无菌膜，有无菌环，培养物的颜色等。

（三）细菌在明胶穿刺培养基中的生长表现

1. 生长表现　沿穿刺线生长，瓶刷状，松树状，线状等。

2. 表面性状　是否液化明胶及液化的形状。

三、细菌的生化特性检查

不同种类的细菌，由于其细胞内新陈代谢的酶系不同，对营养物质的吸收利用、分解排泄及合成产物的产生等都有很大的差别，细菌的生化试验就是检测某种细菌能否利用某种（些）物质及其对某种（些）物质的代谢及合成产物，确定细菌合成和分解代谢产物的特异性，借此来鉴定细菌的种类。

（一）糖类分解试验

1. 原理　不同微生物分解利用糖类的能力有很大差异，或能利用或不能利用，能利用者，或产气或不产气。可用指示剂及发酵管检验。

2. 需氧菌糖类分解培养基　蛋白胨水100.0mL，糖0.5～1.0g，1.6%溴甲酚紫酒精液0.1mL，将上述成分混合溶解后，分装于带有倒置小发酵管的试管中，115℃灭菌10min。若培养基中加入0.4%～0.6%琼脂，则为半固体培养基，可不必用倒立的小发酵管。

3. 厌氧菌糖类分解培养基　蛋白胨20g，氯化钠5g，硫乙醇酸钠1g，琼脂1g，蒸馏水1 000mL，加热溶解，加入糖10g，1.6%溴甲酚紫酒精液1mL，115℃灭菌15min。

4. 试验方法　以无菌操作，用接种环移取纯培养物少许，接种于加有倒立小发酵管的液体培养基管中；若为半固体培养基，则用接种针做穿刺接种。接种后，置37℃培养2～3d，检查培养基颜色有无改变，倒立小发酵管中有无气泡；若为半固体培养基，则检查沿穿刺线和管壁及管底有无微小气泡。

5. 结果判定 如果接种的细菌可发酵某种糖或醇，则可产酸，使培养基由紫色变成黄色，用“+”表示；如果不发酵，则仍保持紫色，用“－”表示；如发酵的同时又产生气体，则在倒立小发酵管顶部积有气泡或半固体培养基沿穿刺线有微小气泡，用“⊕”表示。

(二)吲哚(靛基质)试验

1. 原理 有些细菌(如大肠杆菌)能分解蛋白质中的色氨酸产生吲哚，吲哚与对二氨基苯甲醛作用，形成玫瑰吲哚而成红色。

2. 培养基 蛋白胨水培养基(见培养基制备一节)。

3. Ehrlich 氏试剂 对二氨基苯甲醛 1g，无水乙醇 95mL，浓盐酸 20mL。先用乙醇溶解试剂后加盐酸，避光保存。

4. Kovac 氏试剂 对二氨基苯甲醛 5g，戊醇(或异戊醇) 75mL，浓盐酸 25mL。

5. 试验方法 以接种环将待检菌新鲜斜面培养物接种于蛋白胨水培养基中，置 37℃培养 24～48 h(可延长 4～5 d)；于培养液中加入戊醇或二甲苯 2～3mL，摇匀，静置片刻后，沿试管壁加入 Ehrlich 氏或 Kovac 氏试剂 2mL。

6. 结果判定 在接触面呈红色，即为阳性。

(三)甲基红(MR)试验

1. 原理 细菌分解培养基中的葡萄糖产酸，当产酸量大，使培养基的 pH 值降至 4.5 以下时，加入甲基红指示剂而变红，甲基红的变色范围为 pH 值 4.4(红色)～6.2(黄色)，此为甲基红试验。

2. 培养基 葡萄糖蛋白胨水培养基(见培养基制备一节)。

3. 甲基红试剂 甲基红 0.02g，95%酒精 60mL，蒸馏水 40mL。

4. 试验方法 取一种细菌的 24 h 培养物，接种于葡萄糖蛋白胨水培养基中，置 37℃培养 48～72 h，取出后加甲基红试剂 3～5 滴，凡培养液呈红色者为阳性，以“+”表示；橙色者为可疑，以

“±”表示；黄色者为阴性，以“－”表示。

(四)V-P 试验

1. 原理　当细菌发酵葡萄糖产生丙酮酸，丙酮酸再变为乙酰甲基甲醇；乙酰甲基甲醇又变成 2,3-丁二烯醇，2,3-丁二烯醇在碱性条件下氧化成为二乙酰，二乙酰和蛋白胨中精氨酸胍基起作用产生粉红色的化合物，此为 V-P 试验。

2. 培养基　葡萄糖蛋白胨水培养基(见培养基制备一节)。

3. V-P 试剂

甲液：5%α-萘酚酒精溶液(α-萘酚 5g，无水乙醇 100mL)。

乙液：40%氢氧化钾溶液。将甲液和乙液分别装于棕色瓶中，于 4℃～10℃保存。

4. 试验方法　取一种细菌的 24h 纯培养物，接种于葡萄糖蛋白胨水培养基中，置 37℃培养 48～72 h，取出后在培养液中先加 V-P 试剂甲液 0.6mL，再加乙液 0.2mL，充分混匀。静置在试管架上，15min 后培养液呈红色者为阳性，以“＋”表示；不变色为阴性，以“－”表示。

(五)柠檬酸盐利用试验

1. 原理　有些细菌既能利用柠檬酸钠为唯一碳源，又能以磷酸铵为唯一氮源进行生长。分解柠檬酸钠的结果产生碳酸盐，使培养基变碱，pH 值升高，指示剂溴麝香草酚蓝由草绿色变为深蓝色(pH 值 6～7.6 呈绿色，pH 值＞7.6 呈蓝色)。

2. 培养基　柠檬酸盐琼脂培养基(见培养基制备一节)。

3. 试验方法　取一种细菌的 24 h 纯培养物，接种于柠檬酸盐琼脂斜面培养基上，置于 37℃培养 24 h 后观察结果。

4. 结果判定　琼脂斜面上有细菌生长，培养基由原来的绿色变为深蓝色者为阳性，以“＋”表示；琼脂斜面上有细菌生长但培养基仍为绿色或既无细菌生长又无颜色变化者，为阴性，以“－”表示。其中有细菌生长者表示只能利用磷酸铵而不能利用柠檬酸钠,无细菌生长者则表示两种物质均不能利用。

(六)硫化氢试验

1. 原理 某些细菌能分解蛋白质中的含硫氨基酸(如胱氨酸、半胱氨酸)产生硫化氢(H_2S),H_2S 与培养基中的铅盐或铁盐发生反应,形成黑色的硫化铅或硫化亚铁。

2. 培养基 醋酸盐琼脂培养基(见培养基制备一节)。

3. 试验方法 用接种针蘸取纯培养物,沿试管壁穿刺接种于醋酸铅琼脂高层内,37℃培养 24～48 h 或更长时间,观察结果。也可用醋酸铅纸条法:将待试菌接种于一般营养肉汤,在试管壁和棉花塞间夹一 6.5cm×0.6cm 大小的饱和醋酸铅干燥试纸条,置于 37℃培养 24～48 h 或更长时间,观察结果。

4. 结果判定 如果穿刺线上或醋酸铅试纸变黑者为阳性。

(七)硝酸盐还原试验

1. 原理 一些细菌可将硝酸盐还原为亚硝酸盐。而亚硝酸盐能和对氨基苯磺酸作用生成对重氮基苯磺酸,且对重氮基苯磺酸与 α-萘胺作用能生成红色的偶氮化合物。

2. 需氧菌硝酸盐还原试验培养基 硝酸钾蛋白胨水培养基(见培养基制备一节)。

3. 厌氧菌硝酸盐还原试验培养基 硝酸钾 0.1g,磷酸氢二钠 0.2g,蛋白胨 2g,葡萄糖 0.1g,琼脂 0.1g,蒸馏水 100mL,加热溶解,调整 pH 值至 7.2,过滤,分装,121℃高压灭菌 20min。

4. 试　剂

甲液:氨基苯磺酸 0.8g,5N 醋酸(冰醋酸 1 份加蒸馏水 2.5 份)100mL。

乙液:甲基 α-萘胺 0.6g,5N 醋酸 100mL。稍加热溶解,用脱脂棉过滤,置棕色瓶中 4℃～10℃保存。

5. 试验方法 将纯培养物接种于硝酸盐培养基内,置于 37℃培养 2～4d,沿管壁加入甲液 2 滴与乙液 2 滴,当时观察。阳性者立刻呈红色。若无红色出现则为阴性。

(八)尿酸分解试验

1. 原理　具有尿素酶的细菌能分解尿素产生两分子氨，氨溶于水成为 $NH_3 \cdot H_2O$，使培养基 pH 值升高，指示剂酚红显示出红色。

2. 培养基　尿素培养基(见培养基制备一节)。

3. 试验方法　用接种环将待检菌培养物接种于尿素琼脂斜面。置 37℃培养，于 1～6 h 检查(有些菌分解尿素很快)，有时需培养 24 h 至 6 d(有些菌则缓慢作用于尿素)。如果琼脂斜面由黄变红者为阳性。

(九)淀粉水解试验

1. 原理　有的细菌具有淀粉酶，能水解培养基中的淀粉成麦芽糖。淀粉水解后遇碘液不再呈蓝紫色反应。

2. 培养基　3%可溶性淀粉琼脂平板(普通琼脂 900mL 加 3%可溶性淀粉溶液 100mL)。

3. 试剂　革兰氏碘溶液。

4. 试验方法　将细菌划线接种于 3%可溶性淀粉琼脂平板上，在 37℃培养 24 h。取出平板，在菌落处滴加碘液少许，观察。培养基呈深蓝色，说明淀粉未被水解，即淀粉酶阴性。能水解淀粉的细菌其菌落周围有透明的环，即淀粉酶阳性。

(十)明胶液化试验

1. 原理　明胶是一种动物蛋白质，某些细菌具有明胶液化酶(也称类蛋白水解酶)，能将明胶先水解为多肽，又进一步水解为氨基酸，失去凝胶性质而液化。

2. 培养基　明胶培养基(见培养基制备一节)。

3. 试验方法　挑取 18～24h 待试菌纯培养物，以较大量穿刺接种于明胶高层约 2/3 深度，置 22℃培养，观察明胶液化状况。有些细菌在此温度下不生长或生长极为缓慢，则可先放在 37℃培养，再移置于4℃冰箱经30min后取出观察，具有明胶液化酶者，虽经低温处理，明胶仍呈液态而不凝固。

(十一)氧化酶试验

1. 原理 氧化酶(细胞色素氧化酶)是细胞色素呼吸酶系统的最终呼吸酶。具有氧化酶的细菌，首先使细胞色素C氧化，然后氧化型细胞色素C又使对苯二胺氧化，生成有色的醌类化合物。

2. 试剂 1%盐酸四甲基对苯二胺或1%盐酸二甲基对苯二胺，新鲜配制，装棕色瓶贮存，4℃，可保存1个月。

3. 试验方法 加2～3滴试剂于滤纸上，用牙签挑取1个菌落到纸上涂布，观察菌落的反应。也可将试液滴在细菌的菌落上，观察结果。

4. 结果判定 细菌在与试剂接触10s内呈深紫色，为阳性。

(十二)氨基酸脱羧酶试验

1. 原理 具有氨基酸脱羧酶的细菌，能分解氨基酸使其脱羧生成胺(赖氨酸→尸胺，鸟氨酸→腐胺，精氨酸→精胺)和二氧化碳，使培养基变碱。使指示剂颜色显示出来。

2. 培养基 蛋白胨5g，酵母浸膏3g，葡萄糖1g，蒸馏水1 000mL，1.6%溴甲酚紫乙醇溶液1mL。调整pH值至6.8，在每100mL基础培养基内，加入需要测定的氨基酸(赖氨酸、精氨酸和鸟氨酸)，L-氨基酸按0.5%加入，DL-氨基酸按1%加入(所加的氨基酸应先溶解于氢氧化钠溶液内，L-α赖氨盐0.5g+15%氢氧化钠溶液0.5mL，L-α鸟氨盐0.5g+15%氢氧化钠溶液0.5mL)再行校正pH值至6.8，分装于灭菌小试管内，每管1mL，115℃高压蒸汽灭菌10min。

3. 试验方法 从琼脂斜面挑取培养物少许，接种于试验用培养基内，上面加一层灭菌液状石蜡。将试管放在37℃培养4d，每天观察结果。

4. 结果判定 氨基酸脱羧酶阳性者由于产碱，培养基应呈紫色。阴性者无碱性产物，但因葡萄糖产酸而使培养基变为黄色。

(十三)氰化钾抑菌试验

1. 原理 氰化钾可抑制某些细菌的氧化酶或其辅基系统，从而使细菌生长受到抑制。

2. 培养基 蛋白胨10g，氯化钠5g，磷酸二氢钾0.225g，磷酸氢二钠5.64g，蒸馏水1 000mL，0.5%氰化钾溶液20mL，pH值7.6。将除氰化钾以外的成分配好后分装烧瓶，121℃高压蒸汽灭菌15min。放在冰箱内使其充分冷却。每100mL培养基加入0.5%氰化钾溶液2.0mL（最后浓度为1∶10 000），分装于12mm×100mm灭菌试管，每管约4mL，立刻用灭菌橡皮塞塞紧，放在4℃冰箱内，至少可保存2个月。同时，将不加氰化钾的培养基作为对照培养基，分装于试管备用。

3. 试验方法 取待检菌的纯培养物少量接种于氰化钾(KCN)培养基，同时接种1支不含氰化钾的对照培养基，置35℃孵育24～48h，观察结果。

4. 结果判定 如果氰化钾试管和对照管细菌生长为阳性(不抑制)；如果氰化钾试管细菌不生长，对照管细菌均生长，为阴性(抑制)。

5. 注意事项 氰化钾有剧毒，使用时应小心，切勿沾染，以免中毒。夏天分装培养基应在冰箱内进行。试验失败的主要原因是封口不严，氰化钾逐渐分解，产生氢氰酸气体逸出，以致药物浓度降低，细菌生长，因而造成假阳性反应。试验时对每一环节都要特别注意。

(十四)凝固酶试验

1. 原理 致病性葡萄球菌可产生2种凝固酶。一种是结合凝固酶，结合在细胞壁上，使血浆中的纤维蛋白原变成纤维蛋白而附着于细菌表面，发生凝集，可用玻片法测出；另一种是分泌至菌体外的游离凝固酶，作用类似凝血酶原物质，可被血浆中的协同因子激活变为凝血酶样物质，而使纤维蛋白原变成纤维蛋白，从而使血浆凝固，可用试管法测出。

2. 试验方法

(1)玻片法　取兔血浆和盐水各 1 滴，分别置于洁净的玻片上，挑取被检菌分别与血浆和盐水混合。

(2)试管法　取灭菌试管，加入 0.5mL 人或兔血浆，挑取被检菌加入血浆中并混匀，于 37℃水浴 3～4h，间隔 30min 检查 1 次有无凝固。

3. 结果判定　玻片法以血浆中有明显的颗粒出现，而盐水中无自凝现象判为阳性；试管法以血浆凝固判定为阳性。

4. 应用　作为鉴定葡萄球菌致病性的重要指标，也是葡萄球菌鉴别时常用的一个试验。

四、细菌血清型鉴定

细菌抗原结构比较复杂，有存在于细胞壁的菌体抗原(O 抗原)，有包围于细胞壁外面的表面抗原(如种、型特异性强的荚膜抗原、Vi 抗原和 K 抗原)，有运动性的细菌在菌体抗原之外还有鞭毛抗原(H 抗原)，此外还有存在于某些革兰氏阴性杆菌表面的菌毛抗原。从抗原的特异性程度可区分为：存在于属间细菌所共有的共同抗原，这种抗原的存在，只能表明其属性。另一类抗原为特异性抗原，只存在于特定的种、型，是最后确定细菌种、型的重要依据。

血清型鉴定是微生物鉴定的特异方法，通过血清学试验鉴定细菌的细胞成分以确定菌种或类型。进行血清学鉴定时，首先，要求鉴定的细菌必须纯净，不能混有其他种细菌，而且要新鲜，细菌要在适宜的条件下培养，尽量减少传代，以防发生变异。其次，是要有特异性强和效价高的已知标准免疫血清(包括单克隆抗体)和标准菌株。有些种类细菌，如大肠杆菌和沙门氏菌不仅种、型繁多，而且抗原构造复杂，应购置专门的分型血清以备应用。最后，是根据其菌体构造和抗原成分以及实验室的设备技术条件，选择相应的1种或几种血清学试验方法进行鉴定。

第四章 抗菌药物的敏感性及消毒药的筛选试验

抗菌药物在防治禽病中发挥了巨大的作用,但是由于抗菌药物的广泛应用,常导致耐药菌株产生或干扰机体内正常菌群的有益作用,给机体带来不良影响。测定细菌对抗菌药物的敏感性,不仅可用于禽细菌性传染病的治疗性诊断,而且为选择最有效的药物进行治疗提供依据,这对于防治禽病、减少药物浪费具有重要意义。

第一节 单价药物对细菌的药敏测定

一、药物纸片琼脂扩散法

原理:将浸有一定浓度抗菌药物的纸片贴在涂有细菌的琼脂平板上,药片上含有的抗菌药物在琼脂内向四周扩散,其浓度呈梯度递减。通过对试验菌的抑杀作用而影响细菌生长繁殖,在药片周围出现无细菌生长区,称抑菌圈。测量抑菌圈直径的大小,即可判定该细菌对某种药物的敏感程度。

该方法所需的材料:抗菌药纸片、接种菌液、普通琼脂培养基(有些细菌在普通琼脂培养基上生长不良,如链球菌、巴氏杆菌和肺炎球菌等可用血液琼脂培养基)、灭菌平皿、灭菌吸管(或一次性1mL 注射器)、L 形棒、灭菌镊子、酒精灯、记号笔、直尺或游标卡尺、超净工作台、电热恒温培养箱等。

(一)抗菌药纸片的制备

1. 器材　打孔机、新华 1 号定性滤纸、抗菌药物、分析天平、西林瓶、50mL 灭菌容量瓶、灭菌磷酸盐缓冲液、灭菌的刻度吸管、电热鼓风干燥箱、高压蒸汽灭菌器等。

2. 制备方法

(1)准备纸片　取新华 1 号定性滤纸,用打孔机打成直径 6mm 的圆形小纸片。取圆纸片 100 片放入清洁干燥的西林瓶中,瓶口以单层牛皮纸包扎。160℃干热灭菌 1 h,或采用高压灭菌(压力 0.105MPa,15min)后在 60℃条件下烘干。

(2)配制抗菌药物　抗菌药物的浓度,可参考以下标准:青霉素 200IU/mL,其他抗生素 1mg/mL,磺胺类药物 10mg/mL,中草药制剂 1g/mL。用分析电平准确称取抗菌药物,用灭菌的磷酸盐缓冲液(各种抗菌药物所需稀释液见表 4-4)配制成上述浓度。

①磷酸盐缓冲液配制:参考第一章第六节常用试剂和溶液的配制。

②抗菌药液配制方法:首先根据抗菌药物浓度的要求,计算出纯抗菌药物的质量,方法是:抗菌药物的浓度乘以体积。例如,要配制 1mg/mL 的庆大霉素 50mL 所需纯庆大霉素为 1mg/mL×50mL=50mg。根据纯药物的质量和抗菌药物原粉的百分比计算出抗菌药物原粉的质量,方法是:纯抗菌药物的质量÷抗菌药物原粉的百分比。例如,庆大霉素原粉中纯庆大霉素含量为 95%,则需要庆大霉素原粉的质量为 50mg÷95%=52.63mg。用分析电平准确称取抗菌药物,各种抗菌药物按表 4-4 方法溶解,用磷酸盐缓冲液定容至 50mL。根据上述计算,用分析电平准确称取庆大霉素原粉 52.63mg,用适量 pH 值 7.8 磷酸盐缓冲液溶解,最后定容为 50mL 即为 1mg/mL 的庆大霉素溶液。

(3)抗菌药纸片制作　在上述含有 100 片纸片的西林瓶内加入抗菌药液 1mL,同时在瓶口上记录药物名称。置冰箱内浸泡

1～2 h,并间隔一定时间翻动纸片,使各纸片充分浸透药液,翻动纸片时不能将纸片捣烂。

(4)烘干抗菌药纸片　如立即试验可不烘干。若保存备用,可置西林瓶于 37℃恒温箱内,将含药纸片烘干(切勿将纸片放入高温烘干,以防药物失效)。密封抗菌药纸片置 4℃冰箱内保存备用。

(5)抑菌效果　抗菌药纸片抑菌效果的判断参考表 4-1 至表 4-3。

表 4-1　青霉素的敏感标准

抑菌圈直径(mm)	敏感性
＜10	耐　药
10～20	中度敏感
＞20	敏　感

表 4-2　其他抗生素及磺胺药的敏感标准

抑菌圈直径(mm)	敏感性
＜10	耐　药
11～15	中度敏感
＞15	敏　感

表 4-3　中药的敏感标准

抑菌圈直径(mm)	敏感性
＜15	耐　药
15	中度敏感
15～20	敏　感

(二)制备接种菌液

应用临床分离的细菌做药敏试验时，应挑取已分离纯化的菌落制备菌悬液。方法是挑取琼脂平板上的单个菌落接种于 3mL 营养肉汤培养基中，置 37℃恒温箱中，培养 16～18h。

(三)纸片法药敏试验操作

1. 制备琼脂平板　首先将灭菌的普通琼脂培养基加热熔化，然后倒入灭菌培养基内，厚度为 3mm。

2. 涂菌液　琼脂彻底凝固后，用灭菌吸管或 1mL 注射器吸取培养 16h 的幼龄菌液 0.1mL，注入琼脂平板或鲜血琼脂平板表面，用灭菌的 L 形涂布棒涂抹均匀。

3. 贴抗菌药片　平置 3～5min 后，将镊子于酒精灯火焰灭菌，取抗菌药片贴到平皿培养基表面，并用镊子轻按下纸片。2 张抗菌药纸片间距大于 25mm，纸片离培养基边缘距离大于 15mm。

4. 标记　每贴一张抗菌药片后，应用记号笔在平板底部做好标记；在平板盖上标记菌种名称。

5. 培养　将平板底部向上，倒置于 37℃恒温箱中，培养 18～24h 后观察结果。

6. 判定结果　用直尺或游标卡尺测定抑菌圈直径的大小，判定该细菌对某种药物的敏感程度。

(四)注意事项

①应根据试验菌的营养需要配制培养基。倾注平板时，厚度合适，不可太薄，一般 90mm 直径的培养皿，倾注培养基 15～20mL 为宜。培养基内应尽量避免有抗菌药物的拮抗物质，如钙、镁离子能减低氨基糖苷类的抗菌活性，胸腺嘧啶核苷和对氨苯甲酸(PABA)能拮抗磺胺药和三甲氧苄氨嘧啶(TMP)的活性。

②药物的浓度和总量直接影响抑菌试验的结果，需精确配制。

③应在无菌条件下操作，试验完毕后及时灭菌处理，防止散毒。

④营养琼脂平板应完全凝固后再接种细菌，最好在4℃冰箱中放置一段时间。

⑤细菌接种量应恒定，如太多，抑菌圈变小。

⑥注意抗菌药片之间的间距以及抗菌药片与平皿边缘的距离。

二、试管稀释法药敏试验

原理：将药物做倍比稀释，观察不同含量的药物对细菌的抑菌能力，能抑制培养基内细菌生长的最小药物浓度，称为最小抑菌浓度(MIC)。根据MIC的大小判断细菌对药物的敏感性，常用于测定抗菌药物及中草药对细菌的抑菌能力。

材料：菌悬液、营养肉汤培养基、抗菌药物、灭菌小试管、灭菌吸管、酒精灯、记号笔、超净工作台、电热恒温培养箱等。

(一)试验前准备

1. 配制受试药液 用适宜的稀释液，将受试药品稀释成适当浓度的溶液，分装于灭菌干燥小瓶中，标明药物的名称、浓度、配制日期，于4℃保存(表4-4)。

2. 制备菌悬液 将保存的试验菌接种于营养肉汤培养液中，37℃恒温培养12～18h，进行活菌计数，使用时用肉汤培养液按一定比例稀释至浓度为1×10^8～2×10^8CFU/mL。

(二)试验操作

1. 取灭菌试管 取10支(根据情况可加量)，排列于试管架上，做好标记。

2. 加入菌悬液 于第1管中加入菌悬液1.8mL，其余9管各加入1.0mL。

3. 倍比稀释药液 吸取配制好的抗菌药液0.2mL，加入第1管中，充分混合后吸出1mL移入第2管中，混合后，再由第2管移出1mL到第3管……依次移至第9管中，吸出1mL弃去。第10管不加药液作细菌生长对照(表4-5)。

表 4-4　抗菌药物原液的配制及保存期

抗菌药物	溶　剂	浓　度（IU/mL或μg/mL）	4℃保存期限
青霉素G	pH值6.0磷酸盐缓冲液	1280	1周
半合成青霉素类	pH值6.0磷酸盐缓冲液	1280	1周
头孢菌素类	pH值6.0磷酸盐缓冲液	1280	1周
氨基糖苷类	pH值7.8磷酸盐缓冲液	1280	4周
四环素类	pH值4.5磷酸盐缓冲液	1280	1周
多黏菌素B硫酸盐	pH值6.0磷酸盐缓冲液	1280	2周
林可或氯林可霉素	pH值7.8磷酸盐缓冲液	1280	2周
红霉素	先用少量乙醇溶解，再用pH值6.0磷酸盐缓冲液稀释	1280	2周
甲氧苄啶	先用0.1mol/L乳酸溶解，再用蒸馏水稀释	1280	长期
磺胺药	先用0.1mol/L氢氧化钠溶解，再用蒸馏水稀释	25600	长期

表 4-5　试管稀释法操作方式

试　管	1	2	3	4	5	6	7	8	9	10
菌悬液（mL）	1.8	1.0	1.0	1.0	1.0	1.0	1.0	1.0	1.0	1.0
受试药液（mL）	0.2	1.0	1.0	1.0	1.0	1.0	1.0	1.0	1.0	弃 1.0

4. 培养及结果观察　将以上10个试管置于37℃恒温箱中，培养18～24h后观察结果。药物经最高稀释仍能抑制细菌生长者，该管所含药物浓度即为试验菌株的最小抑菌浓度，如第1～7

管细菌不生长，第8、9管细菌生长，则第7管药物浓度为试验菌株的MIC；如全部试管均生长，可报告“大于第1管的药物浓度”；除对照管外，全部试管均不生长，则报告“等于或小于最后1管的药物浓度”。

三、琼脂平板稀释法

琼脂平板稀释法的优点是可同时进行大量菌株的药敏测定。

材料：菌悬液、普通琼脂培养基（若有些细菌在普通琼脂培养基上生长不良，可用血液琼脂培养基）、灭菌平皿、灭菌吸管、抗菌药物、灭菌小试管、酒精灯、记号笔、超净工作台、电热恒温培养箱等。

（一）试验前准备

1. 配制受试药液　用适宜稀释液，将受试药品稀释成1 920IU/mL或1 920μg/mL，分装于灭菌干燥小瓶中，标明药物的名称、浓度、配制日期，于4℃保存。

2. 制备菌悬液　将保存的试验菌接种于2mL营养肉汤培养液中，37℃恒温培养6 h，如为金黄色葡萄球菌就用原液，如为革兰氏阴性杆菌则需做1∶1 000稀释。

（二）试验操作

取灭菌试管9支（可随需要增减），做好标记。每支试管内加入2mL适宜的缓冲液。

预先准备好灭菌平皿11个（可随需要增减），在平皿底部做好标记。

用灭菌吸管吸取抗菌药物3mL，其中1mL加入第1个平皿内，剩下2mL注入第1支试管内与缓冲液混合；从第1支试管内吸出3mL，其中1mL加入第2个平皿内，剩下2mL注入第2支试管内与缓冲液混合；从第2支试管内吸出3mL，其中1mL加入第3个平皿内，剩下2mL注入第3支试管内与缓冲液混合。依次类推，从第 9 支试管内吸出 1mL 加到第 10 个平皿，第 11 个平皿内不加药物，作为细菌生长对照。这样第 2～10 个平皿内的药物浓度分别稀释了 2^1～2^9 倍。

分别取 14mL 熔化好的琼脂培养基加到各平皿内（每个平皿内的药物浓度又稀释了 15 倍），边加边摇动平皿，使药物与培养基充分混匀。这样，第 1～10 个平皿内的药物浓度分别稀释了 15 倍、15×2^1 倍、15×2^2 倍……15×2^9 倍，那么第 1～10 个平皿内的药物浓度分别为 128、64、32、16、8、4、2、1、0.5、0.25IU/mL（或 μg/mL）。第 11 个平皿加 15mL 琼脂培养基作为细菌生长对照。

用灭菌的棉拭子蘸取制备好的菌液涂于培养基表面。

结果观察与报告：先观察细菌生长对照平板，应全部生长。例如庆大霉素对细菌的抑制作用，第 1～7 个平皿内细菌全部不生长，第 8 个平皿内细菌开始生长，若第 7 个平皿内所含庆大霉素的浓度为 2μg/mL，则报告为：某种细菌对庆大霉素的敏感度为 2μg/mL。如果所有平皿内细菌全部生长，则敏感度大于第 1 个平皿内的药物浓度。如果除了对照平皿有细菌生长外，其余 10 个平皿均无细菌生长，则敏感度小于第 10 个平皿内的药物浓度。

第二节　细菌对抗菌药物的联合药敏试验

由于致病菌对抗菌药物耐药性的增加，导致抗菌药物的疗效降低。为了增强抗菌药物的疗效，延缓细菌耐药性的产生以及为了治疗严重感染和混合感染，常联合使用 2 种或 2 种以上的抗菌药物。2 种药物同时使用，既可以出现协同作用，也可出现拮抗作用。因此，有必要进行联合药敏试验，以给禽病临床工作者联合使用各种抗菌药物提供参考。

在抗菌药物中，常以部分抑菌浓度（简称 FIC 指数）的数值大小作为联合药敏试验的判断依据。

$$\mathrm{FIC}=\frac{\text{甲药联用时的 MIC}}{\text{甲药单用时的 MIC}}+\frac{\text{乙药联用时的 MIC}}{\text{乙药单用时的 MIC}}$$

当 FIC 值小于或等于 0.5 时为增强作用，即 2 种抗菌药物联合后的药效大于同样浓度的 2 种药物抗菌作用的总和；FIC 值为 0.5～1 为相加作用，即 2 种药物联合后其活性等于 2 种药物抗菌作用的总和；FIC 值 1～2 为无关作用，即联合药物的活性与单独的抗菌作用相同；FIC 值大于 2 为拮抗作用，即 2 种药物联合后的抗菌活性小于单独一种药物的抗菌作用。

一、纸片法

(一)复合药物纸片法

将甲、乙 2 种抗菌药物加在同一张纸片上，故在配制药物浓度时应比单药纸片时增加 1 倍。如某种抗菌药物制备单药纸片时，抗菌药溶液的浓度为 1mg/mL，配制复合药物纸片时其浓度为 2mg/mL；同样，另一种药物的浓度也应增加 1 倍。然后取甲、乙两药的等量混合液 1mL 加入装有 100 张纸片的小瓶内。在贴平板时应同时贴甲、乙两药的单药纸片作为对照。其试验要求同单药纸片法。

若甲、乙两药复合纸片抑菌圈与甲、乙单药纸片抑菌圈大小相同，呈无关作用；若甲、乙两药复合纸片抑菌圈明显大于甲、乙单药纸片抑菌圈，呈协同作用；若甲、乙两药复合纸片抑菌圈明显小于甲、乙单药纸片抑菌圈，呈拮抗作用。

(二)单药纸片搭桥法

将甲、乙 2 种抗菌药物的纸片各 1 张分别贴于培养基表面，其距离相隔 2～3mm。由于各种抗菌药物的联合对细菌可引起不同的结果，故可按各种不同图形(图 4-1)而报告甲、乙 2 种抗菌药物联合对实验菌株有增强、相加、无关或拮抗作用。

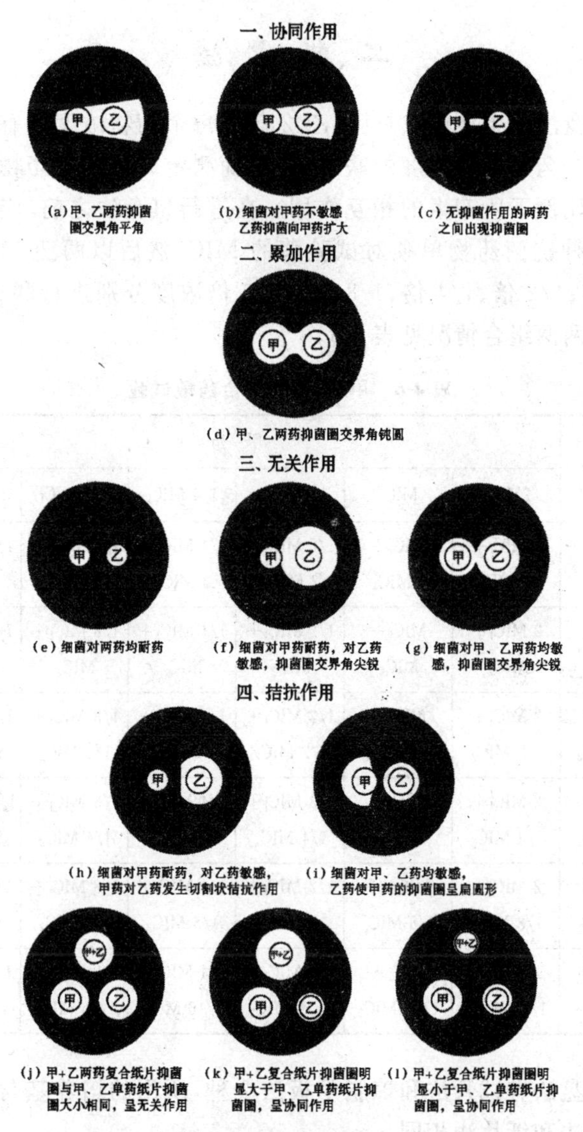

图 4-1　纸片法联合药敏所示的各种图形

二、棋盘法

棋盘法的主要优点是甲、乙 2 药的每个药物浓度都有单独的和另一个药物不同浓度的联合，能精确测定 2 种抗菌药物在适当浓度的比例下所产生的相互作用。在进行棋盘法之前，应先分别测定 2 种抗菌药物单独对试验菌的 MIC，然后以两药 MIC 的 2 倍、1 倍、1/2 倍、1/4 倍、1/8 倍、1/16 倍浓度分别进行联合。甲、乙 2 药两两组合情况见表 4-6。

表 4-6　甲、乙两药联合药敏试验

两药联合		甲药					
		2MIC_1	MIC_1	1/2 MIC_1	1/4 MIC_1	1/8 MIC_1	1/16 MIC_1
乙药	2MIC_2	2 MIC_1+ 2 MIC_2	MIC_1+ 2 MIC_2	1/2 MIC_1+ 2 MIC_2	1/4 MIC_1+ 2 MIC_2	1/8 MIC_1+ 2 MIC_2	1/16MIC_1+ 2 MIC_2
	MIC_2	2 MIC_1+ MIC_2	MIC_1+ MIC_2	1/2 MIC_1+ MIC_2	1/4 MIC_1+ MIC_2	1/8 MIC_1+ MIC_2	1/16MIC_1+ MIC_2
	1/2 MIC_2	2 MIC_1+ 1/2 MIC_2	MIC_1+ 1/2 MIC_2	1/2 MIC_1+ 1/2 MIC_2	1/4 MIC_1+ 1/2 MIC_2	1/8 MIC_1+ 1/2 MIC_2	1/16MIC_1+ 1/2 MIC_2
	1/4 MIC_2	2 MIC_1+ 1/4 MIC_2	MIC_1+ 1/4 MIC_2	1/2 MIC_1+ 1/4 MIC_2	1/4 MIC_1+ 1/4 MIC_2	1/8 MIC_1+ 1/4 MIC_2	1/16 MIC_1+ 1/4 MIC_2
	1/8 MIC_2	2 MIC_1+ 1/8 MIC_2	MIC_1 l+ 1/8 MIC_2	1/2 MIC_1+ 1/8 MIC_2	1/4 MIC_1+ 1/8 MIC_2	1/8 MIC_1+ 1/8 MIC_2	1/16MIC_1+ 1/8 MIC_2
	1/16 MIC_2	2 MIC_1+ 1/16 MIC_2	MIC_1+ 1/16 MIC_2	1/2 MIC_1+ 1/16 MIC_2	1/4 MIC_1+ 1/16 MIC_2	1/8 MIC_1+ 1/16 MIC_2	1/16MIC_1+ 1/16 MIC_2

棋盘法有试管法和琼脂平板法 2 种，所用的培养基与单药试管稀释法和纸片法相同。

(一)试管稀释棋盘法

先采用试管稀释法测定甲、乙 2 种单药对试验菌的 MIC,然后将 2 种组合的药物加到同一试管内,一个试管就是一个组合浓度。

具体操作如下:①在试管架上排 6 排试管,每排 6 管,做好标记。②用含菌量为 1×10^8CFU/mL 的肉汤培养基分别稀释甲乙 2 种抗菌药物,使 2 种药液的浓度均为 4MIC,每种药液各配制 12mL。③在第 1 纵列的 6 个试管中,每管加入甲药液 1mL。余 6mL 再加入菌液肉汤 6mL 混合,于第 2 纵列的 6 个试管中每管加入 1mL。同法依次加到第 6 纵列。④在第 1 横列的 6 个试管中,每管加入乙药液 1mL。余 6mL 再加入菌液肉汤 6mL 混合,于第 2 横列的 6 个试管中每管加入 1mL。同法依次加到第 6 横列。如此,总的 36 管每只试管内的肉汤量为 2mL,药物的最终浓度见表 4-6。⑤根据试验结果计算 FIC 指数,根据 FIC 值大小判断甲乙两药合用的效果。

(二)琼脂平板棋盘法

先采用琼脂平板法测定甲、乙 2 种单药对试验菌的 MIC,然后将 2 种组合的药物加到同一平皿内,一个平皿就是一个组合浓度。

具体操作如下:①准备 36 个灭菌的平皿,排成 6 排,每排 6 个,做好标记。②将甲乙 2 种抗菌药物,用适当稀释液稀释,使 2 种药液的浓度均为 30MIC,每种药液各配制 12mL。③在第 1 纵列的 6 个平皿中,每个平皿加入甲药液 1mL。余 6mL 再加入稀释液 6mL 混合,于第 2 纵列的 6 个平皿中每个加入 1mL。同法依次加到第 6 纵列。④在第 1 横列的 6 个平皿中,每个平皿中加入乙药液 1mL。余 6mL 再加入稀释液 6mL 混合,于第 2 横列的 6 个平皿中每个加入 1mL。同法依次加到第 6 横列。⑤分别取 13mL 熔化好的琼脂培养基加到各平皿内,边加边摇动平皿,使药物与培养基充分混匀。⑥等培养基完全凝固后,用灭菌的棉拭子蘸取制备好的菌液涂于培养基表面。如此,总的36个平皿每个平皿内液体总量为15mL,每个平皿内的药物浓度稀释了15倍。药物的最终浓度见表4-6。⑦根据试验结果计算FIC指数,根据FIC值大小判断甲乙两药合用的效果。

第三节 消毒药的筛选及消毒效果检测

规模禽场疫病的发生往往是多因素综合作用的结果,但其中最主要的是由于外界环境中病原微生物的侵入及扩散或场内鸡群本身病原微生物污染扩散造成的。有效的消毒是杜绝和降低鸡场环境中的病原体,切断疫病传播途径,预防和控制鸡群传染病的重要措施之一。消毒药种类繁多,消毒效果各异,在实际应用中还存在选择不当、消毒效果不理想、对疫病控制不力等问题。随着消毒药的使用越来越广泛,生产上需要客观测定消毒药的消毒效果,为临床应用提供较可靠的依据。

一、消毒药定量杀菌效果的测定

(一)原　理

悬液定量杀菌试验法是将消毒药与菌悬液混合作用一定时间后,加入化学中和剂去除残留的消毒药,以终止消毒药与微生物的进一步作用,然后进行菌落计数,计算杀菌率,判断消毒药的杀菌效果。

(二)材　料

1. 菌种　大肠杆菌、金黄色葡萄球菌。

2. 药品　500g/L戊二醛、100g/L聚维酮碘、1%甘氨酸、0.5%硫代硫酸钠、普通营养琼脂培养基、磷酸盐缓冲液(PBS)、生理盐水。

3. 器材 量筒、容量瓶、平皿、移液管、试管、吸管、L形玻璃棒、恒温箱等。

(三)步 骤

1. 实验浓度消毒药的配制 用灭菌生理盐水将消毒药做1∶20、1∶40、1∶80、1∶160、1∶320、1∶640、1∶1 280倍比稀释。

2. 实验用菌液的配制 将大肠杆菌、金黄色葡萄球菌分别接种于肉汤培养液中,37℃恒温培养箱中培养16～18h,取增菌后的菌液0.5mL,用磷酸盐缓冲液或营养肉汤稀释至浓度为$1\times(10^6\sim10^7)$CFU/mL。

3. 消毒效果实验 将0.5mL菌悬液加入4.5mL试验浓度消毒药溶液中混匀计时,作用5、10、30min后,分别从中吸取菌液与消毒液混合液0.5mL加入含有4.5mL中和剂(戊二醛、聚维酮碘的中和剂分别为1%甘氨酸和0.5%硫代硫酸钠)的试管中混匀,经中和作用10min。然后分别吸取0.5mL悬液用涂抹法接种于营养琼脂培养基平板上,于37℃恒温培养箱中培养24h,计数生长菌落数。每个样本选择适宜稀释度接种2个平皿。

4. 结果计算 按照下列公式计算平均杀菌率,杀菌率达99.9%以上为达到消毒效果。

$$杀菌率\ KR=\frac{(N_1-N_0)}{N_1}\times100\%$$

式中:N_1——消毒前活菌数,N_0——消毒后活菌数。

(四)注意事项

一是不同消毒剂要选择不同的中和剂,中和剂须有终止消毒药作用又对实验无不良影响。下面列举几种常用消毒药的中和剂供参考:

含氯(碘)消毒剂常用中和剂:0.1%～1.0%硫代硫酸钠;

过氧乙酸溶液常用中和剂:0.1%～0.5%硫代硫酸钠;

过氧化氢溶液常用中和剂:0.5%～1.0%硫代硫酸钠;

甲醛溶液常用中和剂：1%双甲酮与0.6%吗啉的混合液；0.1%～0.5%亚硫酸钠；25%氢氧化钠；

戊二醛溶液常用中和剂：1%甘氨酸；

季铵盐类消毒药常用中和剂：吐温-80(0.5%～3.0%)＋卵磷脂(1.0%～2.0%)；

酚类消毒药常用中和剂：0.5%～3.0%吐温-80；

汞类消毒药常用中和剂：0.2%～2.0%巯基醋酸钠；

碱类消毒药常用中和剂：等当量酸；

酸类消毒药常用中和剂：等当量碱；

复方消毒药常用中和剂：吐温-80＋卵磷脂＋硫代硫酸钠。

二是实验温度一般要求在室温20℃～25℃下进行。

二、消毒药带鸡消毒后鸡舍空气中细菌含量检测

(一)消毒前检测鸡舍空气中细菌的含量

在鸡舍中间和左右侧通道前、中、后3个位点各放上1个营养琼脂平板，每个平板作为1个平板计数，打开5min后立即盖上培养皿盖。

采样后，立即将培养皿带回实验室，倒置于37℃恒温培养箱，培养24h后记录培养皿细菌菌落数。

计算空气中细菌总数。菌落总数按奥氏公式计算，如下：

$$空气细菌总数(CFU/m^3)=\frac{每平皿平均菌落数\times 50\,000}{平皿面积\times 平皿暴露时间}$$

式中：平皿面积单位为cm^2，暴露时间单位为min。

(二)带鸡消毒后检测鸡舍空气中细菌的含量

按规定配制一定浓度的消毒药，并按操作规范进行带鸡消毒。

分别于消毒后5min、消毒后10min、消毒后30min、消毒后

60min 检测鸡舍空气中细菌的含量。

(三)计算消毒率

根据消毒前的菌落数和消毒后的菌落数,计算出消毒率。

$$消毒率=\frac{(消毒前菌落数-消毒后菌落数)}{消毒前菌落数}\times 100\%$$

消毒率越大,说明消毒效果越好。

第五章 病毒的分离培养及鉴定技术

病毒病是威胁现代化养禽生产的重要疾病之一。要证明某种疾病是由某一感染性病毒所引起,则必须满足以下原则:①从病禽体内分离出病毒。②在实验动物或寄主细胞中可以培养。③证明这种培养物具有滤过性。④在原始宿主或相关种属内能产生同样的病症。⑤能重新分离出病毒。由此可见病毒分离是将可能含有病毒的标本接种细胞、鸡胚或实验动物,并从其中检出病毒的一种方法。因此,病毒分离和鉴定是诊断病毒感染的"金标准"。虽然并不是所有的病毒性疾病都需要根据病毒分离来进行诊断,但是当新疾病流行、血清学检测产生交叉反应、2 种病毒无法区别,需进一步确诊,同一症状的疾病可能由多种病毒引起时,则需要分离病毒。病毒的分离与鉴定对监测流行病的新动向、研究新疾病、新病毒以及新病毒与疾病的关系都有重要的作用。

第一节 病毒的分离培养

一、病料的采取

成功分离病毒的关键在于正确采集和处理标本,不同病毒所需的标本也不同(表 5-1)。

表 5-1　常见禽类病毒分离可采集的标本

病毒种类	标　本
流感病毒	鼻、咽分泌物及肺、气囊、肠、脾等
新城疫病毒	鼻、咽分泌物及脑、脾、肺等
禽腺病毒	分泌物、粪便、组织标本
传染性法氏囊病毒	法氏囊、脾脏、胸腺
禽白血病病毒	肿瘤组织、全血、血浆
网状内皮组织增生病毒	全血、血浆、肿瘤组织
鸡传染性贫血病毒	肝脏
禽痘病毒	痘痂、假膜
传染性支气管炎病毒	支气管、肺、输卵管、肾
传染性喉气管炎病毒	气管渗出物、气管、肺
鸭　瘟	口腔分泌物、粪便、肝、脾、脑
鸭病毒性肝炎	肝脏
小鹅瘟病毒	肝、脾、肾、脑等

病毒性传染病一般在发病初期和急性阶段比较容易分离出病毒。因此，采取病料的时机必须适当。常用病毒分离的病料有血液、粪便、渗出液、脑脊液、水疱液、活检组织或尸检组织等。根据病毒的性质采取不同病料。

二、标本的保持

由于病毒对热不稳定，收集的标本通常放在冷的环境及加有保护剂(如 Hank′s 液、牛血清白蛋白等)以防病毒失活。无菌操作是非常重要的，盛放标本的容器及保护剂应当是灭菌的，防止其他微生物污染。标本的运送一般在4℃左右条件下进行。

实验室收到标本后应立即处理，反复冻融标本会降低病毒的分离率。如果标本在24 h以内接种，一般保存在4℃；如果需要延搁较长时间，应在－20℃保存标本。

三、接种材料的制备

分离、培养病毒用的材料除了应新鲜、无菌外，还要做一些特殊处理。首先，应将所选取的病料在无菌容器中剪碎、研磨，并根据所培养病毒特性用肉汤、生理盐水或特定稀释液将病料做1∶5～10稀释。然后，按稀释后的病料悬液量计算并加入双抗（青、链霉素），使两者最终浓度达每毫升1 000IU或1 000μg，并在4℃环境下作用1～2 h，离心沉淀后取上清液作为分离培养病毒的接种材料。

四、病料接种

采取可能含有病毒的材料，经过处理后，接种试验动物、鸡胚或组织培养，其中最简便、适用、也最常用的是用鸡胚分离培养病毒。

被接种的动物、鸡胚或细胞出现死亡或病变时（有的病毒须盲传数代后才能检出），可应用血清学试验进一步鉴定。

标本接种于哪一种动物、鸡胚或细胞，以及选择哪一种途径，主要决定于病毒的嗜性。一般嗜神经性病毒主要是动物脑内接种；嗜呼吸道病毒接种于动物鼻腔及鸡胚羊膜腔；嗜皮肤性病毒接种动物皮内、皮下或鸡胚绒毛尿囊膜；嗜内脏病毒可接种于禽的腹腔、静脉、肌肉。但是，近几年，由于组织培养技术的广泛开展，多数病毒都能用组织培养进行分离鉴定。

若用鸡胚分离、培养病毒，则多选 9～12 日龄发育鸡胚。许多病毒、特别是大多数禽病毒都能在鸡胚或鸭胚中生长繁殖。接种时应先在照蛋器下检查鸡胚是否健康、活泼，并划出气室和接种部位。然后严格消毒接种部位和气室，用打孔器打孔后，每胚接种处理好的病料 0.1～0.2 mL。接种后要用石蜡将孔口封死，放 37℃环境中继续孵育 48～96 h。不同病毒其接种部位、方法和培养时间不尽一样。

若用动物分离培养病毒，则最好选用本种动物或自然易感动物。除此之外，常用于分离病毒的实验动物有小白鼠、豚鼠、家兔、大白鼠等。兔子的接种常采用肌内注射、耳静脉注射，剂量一般为 1mL。小白鼠、大白鼠、豚鼠常采用腹腔注射，剂量一般为 0.2～0.5mL。接种动物所用病料的处理与鸡胚接种法相同。动物接种后要单独饲养，不断观察，按照规定时间收获病毒并进行鉴定。

根据病毒种类的不同，鸡胚接种后病毒可在不同部位生长、繁殖，如新城疫病毒在尿囊液和羊水中、喉气管炎病毒和痘病毒在绒毛膜上含量最高。其他试验动物接种后也是如此，即不同种类的病毒存在于不同的部位。因此，收获病毒时应根据其生长、存在部位来选取不同的组织器官。

除了鸡胚和动物外，细胞体外培养也是分离病毒的常用方法，但由于所需物品、试剂和条件要求较严格，有些病毒初次分离不易在人工培养细胞上生长，而且技术难度较大，因此在一般基层单位难以开展推广应用。

第二节　鸡胚接种技术

鸡胚接种技术用途广泛，除了可以分离培养病毒、支原体及衣原体等病原以确诊传染病外，还可用于病毒的鉴定，效价测定，致病力测定及制造疫苗、抗原等。因此，掌握鸡胚接种技术对进行传染病的研究和防治工作非常有用。

一、病料的采取及处理

采集病料，将材料制成1∶5～10的乳剂，并且每毫升加入青霉素和链霉素各1 000IU，以抑制可能污染的细菌，然后置冰箱中作用2～4 h，离心沉淀，取其上清液作为接种材料。同时，应对接种材料做无菌检查。取接种材料少许接种于肉汤、血琼脂斜面及厌氧肝汤各1管，置37℃培养观察2～6 d，应无菌生长。如有细菌生长，应将原始材料再做除菌处理，也可改用细菌滤器过滤除菌，但过滤后的滤液含病毒量也会减少，应引起注意。因此，如有可能倒不如再次取材料。

二、鸡胚接种

(一)选　胚

根据需要选用合适日龄的鸡胚，大多数病毒适于9～12日龄的鸡胚。鸡胚应以白色蛋壳者为好，便于照蛋观察。鸡胚应发育正常，健康活泼，不要过大、过小或畸形蛋孵化的胚。鸡胚应来自健康无病的鸡群，而且不能含有可抑制所接种病毒的母源抗体，最好选用SPF鸡胚或非免疫鸡胚。

(二)照蛋定位

接种前应在照蛋器下检查鸡胚，挑出死胚和弱胚。对所有健康胚应先用铅笔画出气室位置，再于胚胎侧画出接种位点(进针点)，接种点应避开大血管(图5-1)。

(三)接　种

照蛋定位完毕后，即可开始接种。根据部位，鸡胚接种有以下几种途径(图5-2)。

1. 绒毛尿囊腔接种　这是最常用的接种方法，鸡新城疫、禽

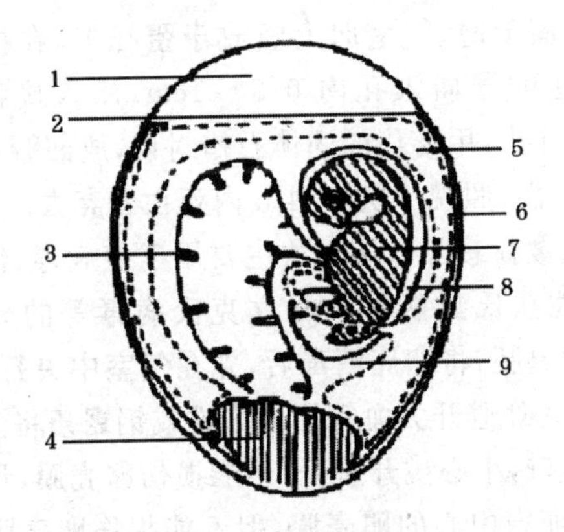

图 5-1　鸡胚的模式结构

1. 气室　2. 卵壳膜　3. 卵黄囊　4. 卵白　5. 尿囊腔
6. 绒毛尿囊膜　7. 胚胎　8. 羊水腔　9. 胚胎外腔

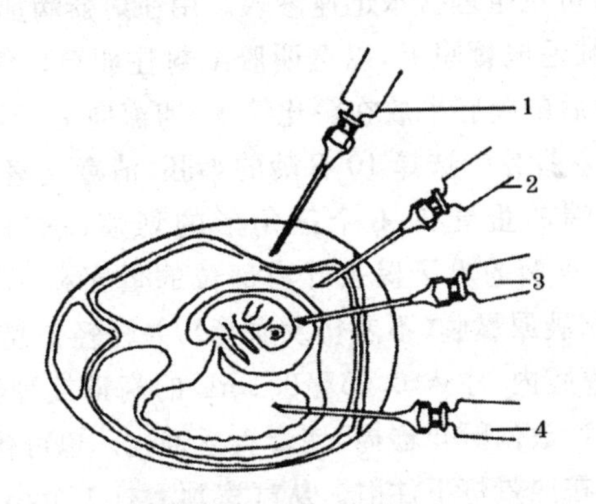

图 5-2　鸡胚的各种接种途径

1. 绒毛尿囊膜接种　2 尿囊腔接种　3. 羊水腔接种　4. 卵黄囊接种

流感、产蛋下降综合征病毒、传染性支气管炎病毒等均可采用这种方法。选择 9～10 日龄的鸡胚。在照蛋时以记号笔勾出气室，于气室稍下方胚胎活跃而血管明显的区域中，在血管之间的间隙划上记号，作为接种部位。先用 3%碘酊对接种部位进行消毒，再用

75%酒精棉球擦1遍，气室向上竖放于蛋托上，在接种定位处打孔。用1mL注射器插入孔内0.5～1cm，注入接种材料0.1～0.2mL。拔出针头，用熔化的固体石蜡封口，放回孵化器中进行孵化，每天翻蛋2次，照视1次。24 h内死亡者弃去。

2. 绒毛尿囊膜接种 该方法主要用于痘病毒、传染性喉气管炎病毒、传染性法氏囊病毒及马立克氏病毒等的分离培养。取10～12日龄的鸡胚，将卵壳消毒后，先在气室中央打一小孔，再于胚胎侧靠近气室处避开大血管用电烙铁或钢锯条将蛋壳打开1个4mm见方的小口，小心挑开蛋壳，不能损伤卵壳膜，形成卵窗。用针尖轻轻挑破卵窗中心的卵壳膜，但不能损伤卵壳膜下的绒毛尿囊膜。在针尖挑破处滴1滴灭菌生理盐水，然后用吸头在气室小孔上吸气，使胚内造成负压，这时卵窗处绒毛尿囊膜下陷而形成人工气室，此时可见生理盐水迅速渗入。用注射器滴加2～3滴接种物于卵窗的绒毛尿囊膜上，以透明胶纸封住卵窗。气室小孔用石蜡密封，接种后的鸡胚平放在孵化箱中，卵窗向上，不要翻动。

3. 羊膜腔接种 选择10日龄的鸡胚，消毒气室顶上的蛋壳，并将气室顶端的蛋壳锉1个三角形的划痕，三角形的边长约1.2cm。用一灭菌的镊子揭去开窗部位的蛋壳和壳膜，用灭菌平头眼科镊子刺破尿囊膜(不要伤及血管)，并轻轻夹起羊膜，用小号针头刺进羊膜腔内，注入0.05～0.1mL的病毒接种液，用熔化的固体石蜡封口，放回孵化器内，使蛋直立孵化。也可仿照绒毛尿囊腔内接种法，在照蛋灯下注射。从气室顶上打1个小孔，针头从小孔刺入，向着鸡胚的方向和深度插入，但以不刺到鸡胚为度。

4. 卵黄囊内接种 此法适用于马立克氏病毒、传染性法氏囊病毒、衣原体及立克次氏体的分离培养。选择6～8日龄的鸡胚，照蛋检查后，划出气室和胎部，并以气室向上竖立在蛋托上。气室顶端的蛋壳经消毒后以打孔器钻1个小孔，将注射针头刺过小孔，沿着卵的纵轴刺入约3cm，然后注入0.2mL的病毒接种液。用石蜡封口后放回孵化器中培养。

(四)接种后的孵化和观察

接种后继续在37℃孵化,每天照蛋2次,死胚随时取出。一般24 h内死亡的胚多因创伤或细菌污染所致,故弃去不用。24h以后死亡的胚,取出后放4℃冰箱,并做上记号。接种后的孵化时间长短随病毒种类不同而不同,一般新城疫病毒、支气管炎病毒、产蛋下降综合征病毒和法氏囊病毒要孵化48～120 h,喉气管炎病毒、马立克氏病毒要孵化48～96 h,痘病毒要孵化4～5 d,脑脊髓炎病毒要孵化至雏鸡出壳。

(五)收　毒

接种鸡胚孵化到规定时间后,应从孵化器中取出放4℃冷藏4 h或过夜,否则易发生溶血。冷冻完毕按下列步骤收毒:

1. 鸡胚准备　鸡胚放于蛋盘或蛋架上,气室向上,用碘酊、酒精消毒后,以无菌镊子敲开气室蛋壳或去掉人工卵窗的透明胶纸,暴露卵膜。注意不要让卵壳碎屑掉入鸡胚内。

2. 取样　根据接种部位,病毒种类或需要,收获相应的鸡胚材料如尿囊液、羊水、绒毛尿囊膜、胎儿、卵黄囊等,有时需要收获全胚(除去卵黄和蛋白)。

(1)*尿囊液*　气室打开后,用无菌眼科镊子慢慢撕去卵壳膜,然后夹住绒毛尿囊膜轻轻提起,用巴氏吸管刺破绒毛尿膜直接吸取尿囊液于灭菌的疫苗瓶内。为防止羊膜堵住吸管口,可用镊子轻轻压下羊膜及胚胎,然后再吸。一般每胚可收集到5～8mL。收集到的尿囊液应做无菌试验并冰冻保存,无菌试验不合格者应放弃。

(2)*羊水*　吸完尿囊液后,可用镊子夹住羊膜,将巴氏吸管直接插入羊膜腔吸取羊水,然后再用镊子提起羊膜或压住胎儿,直至羊水收获干净。

(3)*绒毛尿囊膜*　如要收获整个尿囊膜,则可在消毒、打开蛋壳、撕去壳膜后，将整个卵内容物倒出，这时绒毛尿囊膜贴在卵壳内壁上，用镊子夹住将其撕脱下来即可。

(4)卵黄囊液和卵黄囊膜　先收集绒毛尿囊液和羊水，后用吸管吸取卵黄液，同样须做无菌试验。然后将整个内容物倾入无菌平皿中，剪取卵黄囊膜保存。收取卵黄囊膜时可剪出一小块，用灭菌生理盐水把卵黄液冲洗净再行涂片染色检查。卵黄液和卵黄囊膜应放－20℃冰冻保存。

(5)胚胎　消毒、打开气室卵壳后，用镊子撕破卵壳膜和绒毛尿囊膜，夹起胚胎，用剪刀剪断卵黄带，将胎儿放灭菌容器内即可。

操作完毕，将所有的用具煮沸消毒，擦净后再以消毒水浸洗。卵壳、壳膜和胚胎等残物煮沸消毒后弃去。

(六)鸡胚接种注意事项

①接种材料一般都应按每毫升加入青、链霉素 1 000IU 或 1 000μg。

②接种位点应避开鸡胚的血管和胚头，以免针头刺伤鸡胚而造成接种后的损伤性死亡。

③接种点最好选在胚头左侧，因一般人均右手持注射器，注射时易往左侧倾斜，这样不易刺伤鸡胚。

④接种后注射口和气室孔均应用石蜡切实密封，防止细菌污染造成死亡。死亡鸡胚应随时取出，以免时间过长细菌繁殖并对周围鸡胚造成污染。

⑤鸡胚取出冷冻时应保持气室向上，否则获取尿囊液时很困难。

第三节　动物试验技术

动物试验常用于病原微生物的分离、鉴定、免疫原性测定、致病力测定，保护力测定、感染谱测定、病原的继代保存或致弱、中和试验、半数感染量或半数致死量测定以及制造疫苗和免疫血清等。下面介绍几种常用的动物试验技术。

一、常用的实验动物

常用实验动物有家兔、小白鼠、豚鼠、大白鼠、鸡和鸽子等。必要时也可使用本种动物。无论何种动物均应健康无病,不带有任何病原微生物,如能使用 SPF 动物则更好。同时,应对所试验的病原体敏感。

二、动物试验技术

根据实验目的,动物试验的接种技术有皮下、皮内、肌内、腹腔、口鼻、静脉及颅内等多种方法。动物接种前必须保定、消毒、剪毛。针头的大小根据动物种类和接种部位而定。接种剂量小白鼠一般 0.2mL,大白鼠一般 0.5mL,家兔、鸡一般 1～2mL,鸽子 0.5mL。

(一)动物的保定

家兔可用保定台或保定筒进行保定,也可徒手保定。徒手保定时让其侧卧于实验台上,一手压住臀部和后腿,另一手抓住肩部和前腿;大鼠和小鼠的保定是用左手拇指捏紧双耳和颈部皮肤,手掌和其余手指握住背部。较小的豚鼠其保定方法同大鼠或小鼠;较大或妊娠的豚鼠,可用左手捏住头颈部皮肤及背部,右手固定其臀部和后肢;保定鸡或鸽子时让其侧卧于实验台,右手压住翅根部和背部,左手握住两后肢大腿部。

(二)动物接种

1. 皮下接种

(1)家兔皮下接种　由助手将家兔伏卧或仰卧保定,于其背侧或腹侧皮下结缔组织疏松部分剪毛消毒,术者右手持注射器,以左手拇指、食指和中指捏起皮肤使成三角形皱褶，于其底部进针，感到针头可随意拨动表示插入皮下。注射后用酒精棉球压住注射部位再将针头拔出，以防注射物流出。

(2)小白鼠皮下接种　可2人合作，助手左手抓小白鼠头部皮肤，右手抓鼠尾，术者在鼠背部消毒后用镊子将皮轻轻夹起，在镊子下部进针注射，注射后用酒精棉球压住注射部位再将针头拔出，以防注射物流出。

2. 肌内接种　除禽类常用胸肌接种方法外，其他实验动物一般均为臀部肌肉接种。接种时先消毒，然后将针头垂直或稍倾斜刺入肌肉内注射。

3. 腹腔接种　该方法常用于小鼠、豚鼠或家兔。小鼠在脐后部中线附近，消毒后将针头以几乎平行于腹中线的角度刺过皮肤和腹肌，注射时应感觉不到有阻力，否则可能在皮内或皮下。家兔和豚鼠腹腔接种时，先从腹股沟处刺入皮下，再进针 1cm 左右。进入腹腔注射。检验注射是否正确，除无阻力感外，还不应看到或摸到注射部位有鼓泡，否则可能在皮下或皮内。

4. 静脉注射　多用于家兔接种，可选择耳外侧背部边缘静脉，用酒精棉球涂擦或以手指用力弹打耳边，可使耳静脉充血，怒张，利于进针。消毒后左手拇指和食指紧捏静脉基部，无名指和小指夹住耳尖部，5号针头以向心的方向刺入静脉内，然后将针头置于与血管平行位置进针 1～2cm。轻轻抽动注射器，若有血液进入针管则说明已进入静脉，此时松开静脉基部，慢慢注入接种材料，感到毫无阻力。若针头不回血或注射时阻力较大，则说明针头未进入血管，应重新调整进针位置。注射时针管内千万不可进入气泡，否则会使兔血管产生气性栓塞而引起急性死亡。注射完毕用棉球压迫针口片刻，以免出血。小鼠多采用尾静脉注射。

5. 脑内接种　小白鼠、雏鸡常为脑内接种的动物。接种前用碘酊消毒颅部皮肤，再用酒精拭去残留的碘酊，采用最小号注射针头，以两眼或两耳连线中央偏左颅骨处穿过皮肤，颅骨向后下方刺入，注入接种材料 0.05mL 即可。注意严格消毒。

第四节　病毒的鉴定方法

各种病原微生物通过分离培养后，最终都必须通过病原鉴定才能最后确诊或得出结论。病毒的鉴定一般包括如下内容。

一、形态鉴定

细菌主要通过涂片，染色后用光学显微镜（即普通显微镜）的油镜观察其形态大小、染色特性、有无荚膜、芽孢、鞭毛以及存在方式等，从而做出初步鉴定。病毒的形态特征鉴定目前主要依靠电子显微镜观察，一般基层单位难以做到。

二、培养特性鉴定

对于细菌主要是检查其人工培养所适宜的培养基种类、培养条件（温度、氧气及时间等）、生长特性（菌落形态、大小、色泽、黏度、光滑度、是否溶血、菌液是否浑浊或有沉淀、有无毒素产生等）。对于病毒则主要是检查其生长繁殖所适宜的易感动物、细胞或禽胚、最佳生长条件（细胞的种类、各种营养成分及特殊成分、禽胚的种类及日龄、温度等）和生长特性（细胞是否产生病变、复制周期长短及病毒滴度出现峰值的时间、禽胚是否发生各种病变或死亡、干扰作用、血细胞吸附作用，病毒复制的部位及方式等）。

三、理化特性鉴定

理化特性是病原微生物的基本特征，也是进行病原分类和鉴定的主要依据之一。理化特性主要包括核酸类型及存在方式、

G+C 含量、蛋白质多肽的含量及类型、酶的种类及含量、脂质含量、碳水化合物(糖和多糖)含量以及其他成分的含量等。除此之外,细菌还应包括抗原分析(表面抗原、鞭毛抗原、菌毛抗原、荚膜抗原、芽孢抗原、胞壁抗原及胞质抗原等),病毒则包括沉降系数、浮密度等。理化特性鉴定均需特殊条件。

四、生物学特性鉴定

主要包括感染谱、致病力、毒力、免疫性、血凝性、生物型、抵抗力(对外界环境因素、物理化学因素、消毒药及抗微生物药物的敏感性)等。

五、血清学鉴定

主要根据免疫学原理,利用特异免疫抗体对病原微生物进行鉴定。血清学鉴定方法包括凝集反应(试管凝集和平板凝集)、沉淀反应(试管沉淀和琼脂扩散沉淀反应)、血凝抑制反应、中和反应、间接血凝反应、免疫电泳、荧光抗体技术、酶标抗体技术、放射免疫技术、补体结合反应、红细胞吸附及吸附抑制试验,免疫黏附血凝试验,协同凝集试验及其他抗体标记技术等。

六、其他鉴定方法

随着分子生物学理论和技术的迅速发展,鉴定病原微生物的方法也不断增加,而且更加特异和敏感,如目前已进入实用阶段的核酸杂交(核酸探针)技术、体外核酸扩增技术(聚合酶链反应,PCR)、酶切图谱、限制性酶切片段长度多态性分析和核酸序列测定技术等。当然,这些鉴定方法适合各种病原微生物,但一般只有在设备齐全的实验室才能进行。

第六章　常用血清学检验技术

第一节　凝集试验

凝集试验是指颗粒性抗原(完整的细菌、红细胞等)与相应抗体结合后,在有电解质存在的适宜条件下产生凝集现象的一种血清学试验。参与反应的抗原称为凝集原,凝集原是细菌和红细胞;参与反应的抗体称为凝集素,凝集素是 IgG 和 IgM。

凝集试验有直接凝集试验和间接凝集试验 2 种类型,通常所说的凝集试验是指直接凝集试验。

一、直接凝集试验

(一)玻片凝集试验

玻片凝集试验为定性试验,可用于分离细菌的快速鉴定。一般用已知抗体作为诊断血清,与受检颗粒抗原各加 1 滴在玻片上混匀,数分钟后即可用肉眼观察凝集结果,出现颗粒凝集的为阳性反应。此法简便、快速,适用于从病料标本中分离得到菌种的诊断或分型,主要用于沙门氏菌、大肠杆菌属的鉴定。

具体操作方法如下:

①取干燥洁净玻片 2 块,用记号笔编号(在玻片左上角分别编号为 1、2)。

②用尖嘴滴管吸取生理盐水,在第 1 号玻片中央放 1 滴。另取 1 支尖嘴滴管吸取已适当稀释的诊断血清,在第 2 号玻片的中央放 1 滴。

③再取1支尖嘴吸管吸取待测菌株悬液，分别在生理盐水和已知抗血清旁边各加1滴。

④用手轻轻摇动玻片，使未知菌液与生理盐水或已知抗血清混合，放置数分钟后，肉眼观察结果。

⑤结果判断：对照生理盐水加菌液呈均匀浑浊状，如某抗血清加菌液也呈均匀浑浊状，则为阴性，说明该未知菌不属此抗血清的相应菌株；如某抗血清加菌液出现颗粒状或絮状凝集，凝集块周围变清，则为阳性，说明该未知菌是与此抗血清相应的菌株或部分组分相同的菌株。

(二)全血、血清玻板凝集试验

本试验主要用于鸡白痢、鸡伤寒、禽支原体病、传染性鼻炎的大群检疫和临床快速诊断等。以鸡白痢的检疫为例，介绍全血平板凝集试验的操作：

1. 主要材料

(1)器材　玻板(洁净无油脂)、滴管(每滴约0.05mL)、采血针、铂金耳等。

(2)抗原　多价抗原(加有0.1%结晶紫)，用鸡白痢沙门氏杆菌培养物加甲醛溶液杀菌制成(每毫升含菌100亿个)。静置时呈紫色液体，瓶底有沉淀物，振荡后成浑浊的悬浮液。

(3)阳性血清　由兽医生物药品厂供应。

2. 操作方法　先将抗原充分振荡均匀，用滴管吸取抗原垂直滴1滴(约0.05mL)于玻板上。随即用针头刺破被检鸡的翅静脉或鸡冠，以灭菌铂耳(环径4～5mm)取血满环(约0.02mL)放于抗原上，用铂金耳搅拌均匀。并摊开至直径2cm为度。静置待判定。每次试验时，均需有阳性血清对照。

3. 结果判定

抗原和血液混合后，在2min内出现明显的颗粒凝集或块状凝集为阳性(＋)反应。

在 2min 内不出现凝集，或仅呈现均匀一致的细微颗粒。或在边缘处由于临干前形成有细絮状物等均判为阴性(—)。

上述反应以外，不易判断阳性或阴性的，判为可疑。

(三)试管凝集试验

试管凝集试验是一种定量试验，不仅用于未知抗原(如细菌)或抗体的鉴定，还可测定抗体的效价。在微生物学检验中常用已知细菌作为抗原液与一系列梯度倍比稀释的待检血清混合，保温后观察每管内抗原凝集程度，以判断待检血清中有无相应抗体及其效价，通常以产生明显凝集现象的最高稀释度作为血清中抗体的效价，也称为滴度。在试验中，由于电解质浓度和 pH 值不适当等原因，可引起抗原的非特异性凝集，出现假阳性反应，因此必须设不加抗体的稀释液作对照组。

具体操作方法如下：

①取 10 支干净小试管放在试管架上，自左向右依次编号为 1～10。

②于第 1 管加入 0.9mL 生理盐水，其他各管分别加入 0.5mL 生理盐水。

③抗体稀释：用吸管取 0.1mL 待检血清放入第 1 管，混匀后，吸出 0.5mL，移入第 2 管……依次类推，按二倍稀释法将待检血清稀释到第 8 管(注意每一稀释度需换 1 支无菌吸管)，并从第 8 管吸出 0.5mL 弃去。如此第 1～8 管待检血清的稀释度分别为 1∶10、1∶20、1∶40、1∶80、1∶160、1∶320、1∶640、1∶1 280。在第 9 支试管中加入 0.5mL 经适当稀释的诊断血清(阳性血清)，作阳性对照。在第 10 支试管中加入 0.5mL 生理盐水作为阴性对照管。

④加抗原：分别向上述 10 支试管内加入 0.5mL 已知菌液。轻轻摇动使其混匀，此时各管血清又稀释了 2 倍。那么，第 1～8 管待检血清的稀释度分别为 1∶20、1∶40、1∶80、1∶160、1∶

320、1∶640、1∶1 280、1∶2 560。

⑤置 37℃水浴锅中作用 18～24 h。

⑥结果观察判断，标准如下：

“＋＋＋＋”：100％凝集（完全凝集，上层变清）；

“＋＋＋”：约 75％凝集（绝大部分凝集、上层略浑）；

“＋＋”：约 50％凝集（部分凝集，上层较浑）；

“＋”：约 25％凝集（很少部分凝集、上层浑浊）；

“－”：无凝集（液体浑浊）。

阳性对照管（第 9 管）至少出现 50％凝集，阴性对照（第 10 管）为“－”反应时，以其前面某管中出现“＋＋”反应的最大稀释倍数为血清的抗体效价。

（四）微量凝集试验

微量凝集试验是一种简便的定量试验，特别适用于禽传染病的大规模流行病学调查。

试验时选用“U”形或“V”形 96 孔微量反应板，用微量移液器将待检血清在反应板上做系列稀释，随后滴加抗原，振荡混匀后静置 4～5 h 判定结果，以出现“＋＋”的血清最大稀释倍数为微量凝集试验滴度。

二、间接凝集试验

将可溶性抗原（或抗体）吸附于一种与免疫无关的、适当大小的载体微粒表面，再与相应抗体（或可溶性抗原）在适宜条件下相互作用，经一定时间出现肉眼可见的凝集现象，这种方法称为间接凝集试验，又称被动凝集试验。如将抗原吸附于载体微粒表面以检测抗体，称为（正向）间接凝集试验；如将抗体吸附于载体微粒表面以检测抗原，则称为反向间接凝集试验。实验室常用的载体有红细胞、胶乳颗粒、活性炭、SPA 菌体等，其中以红细胞为载体的间接凝集试验称为间接血凝试验，以胶乳为载体的间接凝集试验称为间接胶乳凝集试验。

间接凝集试验具有快速、简单、特异和比较敏感的优点，适于临床病毒检验的应用。

(一)间接血凝试验

以红细胞作为可溶性抗原的载体来检测抗体，称为间接血凝试验(IHA)；如将抗体吸附在红细胞上，用于检测抗原，则为反向间接血凝试验。

间接红细胞凝集试验常用的红细胞有绵羊、家兔、鸡及人的O型红细胞，其中应用最多的是绵羊红细胞。由于红细胞容易破裂，难于保存，通过红细胞醛化可得以解决。醛化红细胞的方法繁多。目前多采用戊二醛或丙酮醛与甲醛双醛化处理红细胞。

1. 醛化红细胞

(1)戊二醛醛化红细胞制备方法　由绵羊采血脱纤(或加入抗凝剂混匀)，红细胞用10～20倍生理盐水洗涤5次(2 500r/min)，将沉积的红细胞和1%戊二醛溶液先放在冰浴中冷却至4℃；按沉积红细胞8～15mL加入100mL1%戊二醛溶液计算，于冰浴中将1%戊二醛溶液加到洗过的红细胞中，边加边摇，醛化30～45min；然后将此醛化红细胞用生理盐水洗涤5次，再用双蒸水洗涤5次；然后用双蒸水制成10%红细胞悬液；加入1%硫柳汞，置4℃冰箱内可保存180 d。

(2)丙酮醛与甲醛双醛化红细胞制备方法　由绵羊采血脱纤(或加入抗凝剂混匀)，红细胞用10倍量0.1mol/L pH值7.2的PBS洗5次，每次1 000～1 500 r/min离心15 min，然后配成8%红细胞悬液100 mL；加入等量3%丙酮醛溶液(丙酮醛15 mL，pH值7.2的PBS 80.2 mL，4 mol/L氢氧化钠4.8 mL)在24℃左右缓慢搅拌17 h；用上述PBS同法洗5次，再用该缓冲液配成8%红细胞悬液100 mL；加入等量3%甲醛溶液(36%甲醛溶液8 mL，pH值7.2 PBS 92 mL)，在24℃左右缓慢搅拌17 h。用上述PBS

同法洗 5 次，再用该缓冲液配成 10%红细胞悬液。加入 1%硫柳汞，置 4℃冰箱保存。

2. 红细胞的鞣化 将红细胞用鞣酸处理，可增加其吸附蛋白的能力。用于红细胞鞣化的鞣酸必须是优质的，一般新鲜细胞用其 1∶200 000 浓度，醛化红细胞则用其 1∶100 000 浓度。以鞣化新鲜红细胞为例，其程序是：取保存于红细胞保存液中的新鲜红细胞，用 pH 值 7.2 PBS 洗 4～5 遍，并用该液配成 2.5%悬液。同时，用 pH 值 7.2 的 PBS 临时配制 1∶200 000 优质鞣酸，将其与 2.5%红细胞悬液等量混合，37℃水浴感作 15min。取出后用 pH 值 7.2 的 PBS 洗 1 遍，再用 pH 值 7.2 的 PBS 配成 2%红细胞悬液。

3. 致敏红细胞的制备

(1)抗体致敏红细胞 用于反向间接血凝试验。取鞣化或未鞣化的双醛化红细胞悬液，用 pH 值 7.2 的 PBS 洗涤 1 次，再用 pH 值 3.5～4.0 的 0.1 mol/L 醋酸缓冲液配成 2%悬液，加入等量的提纯 IgG(每毫升含 IgG 100～300μg)，置 37℃水浴感作 2～4h，每 15～20 min 用吸管吹洗混合 2～3 次。用 pH 值 7.2 的 PBS 洗 5 遍，再将沉淀红细胞用 1%灭活兔血清盐水配成 0.8%悬液备用。此即抗体致敏红细胞悬液。

(2)抗原致敏红细胞 用于间接血凝试验，即将抗原吸附于红细胞上，随后用其检测相应抗体。一般最好应用鞣化红细胞。致敏时，取 pH 值 6.4 的 PBS 4 mL、抗原 1 mL、2.5%鞣化红细胞悬液 1mL，混匀后，置室温下振荡结合 30～60 min(随抗原种类而不同)或 37℃水浴感作 30～45 min，期间适当振荡。随后以 1 500 r/min 离心沉淀 10 min，并用 2 倍量 pH 值 7.2 的 PBS(内含 1%灭活兔血清)洗 2 遍后，配成 1%致敏红细胞悬液备用。

4. 间接血凝试验操作 以鹦鹉热衣原体病为例，介绍间接血凝试验操作方法。

(1)器材　96孔(8×12)V形反应板，25 μL、50 μL微量移液器，微量振荡器、水浴箱等。

(2)敏化红细胞　鹦鹉热衣原体纯化灭活抗原致敏的绵羊红细胞。

(3)对照血清　标准阳性血清的血凝价为1：2 048～1：4 096，标准阴性血清的血凝价应小于1：4。

(4)被检血清　应无溶血、无腐败。

(5)稀释液　为含1%灭能健康兔血清的0.15 mol/L pH值7.2 PBS。稀释液制备方法：称取$Na_2HPO_4 \cdot 12H_2O$ 19.34 g、磷酸氢二钾2.86 g、氯化钠4.25 g、蒸馏水加至500 mL。高压蒸汽灭菌，即为0.15 mol/L pH值7.2的PBS。健康兔血清灭能。取0.15 mol/L pH值7.2的PBS 99 mL、灭能健康兔血清1 mL混匀，即为1%灭能健康兔血清的0.15 mol/L pH值7.2 PBS。

(6)操作方法

①加稀释液：用微量移液器向反应板的1～8孔各加稀释液50 μL。

②稀释被检血清：用微量移液器取被检血清50 μL加入第1孔，充分混匀后，吸出50 μL加入第2孔……依次倍比连续稀释至第8孔，混匀后从第8孔吸出50 μL弃去。这样，第1～8孔血清稀释的倍数分别为1：2、1：4、1：8……1：256(表6-1)。

表6-1 间接血凝试验操作程序

成　分	被检血清稀释度								各项对照		
	1：2	1：4	1：8	1：16	1：32	1：64	1：128	1：256	敏化红细胞	阳性血清	阴性血清
稀释液 μL	50	50	50	50	50	50	50	50	50	50	50
被检血清 μL	50	50	50	50	50	50	50	50	弃去50		
敏化红细胞 μL	25	25	25	25	25	25	25	25	25	25	25
作用时间与温度	振荡器振荡1～2min，室温静置2h										

③加抗原:将抗原摇匀后,从第1孔开始,至第8孔,每孔滴加1%抗原敏化红细胞悬液25μL。

④设立对照:第9孔为敏化红细胞对照孔,加入稀释液50μL,1%抗原敏化红细胞悬液25μL;第10孔为阳性血清对照孔,加入阳性血清50μL,1%抗原敏化红细胞悬液25μL;第11孔为阴性血清对照孔,加入阴性血清50μL,1%抗原敏化红细胞悬液25μL。

⑤振荡:加入抗原敏化红细胞后将96孔V形反应板在微量振荡器上振荡1min,置室温(冬季置35℃恒温箱)2 h,判定结果。

⑥结果判断

凝集程度判定标准:红细胞的凝集强度可根据下面的标准划分为不同等级。

"++++":红细胞100%凝集,红细胞呈一均匀的膜布满管底。

"+++":红细胞75%凝集,红细胞形成的膜均匀地分布在孔底,但在孔底中心有红细胞形成的一个针尖大小点。

"++":红细胞50%凝集,红细胞形成薄膜,面积较小,孔底为一红细胞圆点。

"+":红细胞25%凝集,红细胞沉积于管底,周围有散在的少量凝集。

"-":红细胞沉积于管底呈圆点,边缘清晰整齐。

所设立的各项对照均成立,正确对照的结果是:抗原敏化红细胞无自凝(-);阳性血清对照100%凝集(++++);阴性血清对照无凝集(-)。

效价判定:以出现"++"凝集强度的血清最高稀释倍数作为该血清的凝集效价。血凝效价≥1∶16判为阳性;血凝效价≤1∶4判为阴性。

(二)胶乳凝集试验

聚苯乙烯胶乳是将苯乙烯聚合后得到的一种高分子聚合体。

胶乳颗粒具有良好的吸附蛋白质等大分子物质的特性，故可用作载体，吸附某些可溶性抗原，检测其相应的抗体，称为胶乳凝集试验；也可用胶乳吸附特异性抗体，检测其相应的抗原，称为反向胶乳凝集试验。胶乳凝集试验具有快速、简便、保存方便、结果准确等优点。

第二节　血凝和血凝抑制试验

有些病毒具有凝集红细胞的能力，病毒种类不同，凝集红细胞的类别和程度也有差异。病毒凝集红细胞的现象，称为血凝(HA)现象；病毒凝集红细胞的能力，可以被特异性免疫血清所抑制，称为血凝抑制(HI)现象。根据这种现象，可通过HA-HI试验，用已知血清来鉴定未知病毒，也可用已知病毒来检查被检血清中的相应抗体滴度。能凝集红细胞的病毒主要有：新城疫病毒、禽流感病毒及产蛋下降综合征病毒。

血凝和血凝抑制试验操作简单，反应速度快，敏感性高。该试验是鉴别病毒，测定血清抗体滴度，诊断及检测禽流感、新城疫、产蛋下降综合征的重要手段(表6-2)。

表6-2　主要病毒的血凝特点

病　毒	血凝素来源	常用红细胞种类	血凝温度
禽流感病毒	鸡胚羊水、尿囊液、组织培养液	鸡、豚鼠、人O型	4℃～37℃，最适22℃
新城疫病毒	鸡胚羊水、尿囊液、组织培养液	鸡、豚鼠、人O型	4℃～37℃，最适22℃
产蛋下降综合征病毒	鸭胚羊水、尿囊液、组织培养液	鸡、鸭、鹅	18℃～25℃

血凝和血凝抑制试验可以在试管中、微量反应板上、玻片或白瓷板上进行，分别称为试管血凝和血凝抑制试验、微量血凝和血凝抑制试验、玻片血凝和血凝抑制试验。一般前二者用于在实验室进行的定性和定量检测，结果准确；后两者主要用于现场的定性检验。

现以鸡血清中新城疫抗体效价的检测为例，介绍微量血凝和血凝抑制试验的基本方法。

（一）试验材料

①器材：96 孔（8×12）V 形反应板，25μL、50μL 微量移液器，微量振荡器、离心机等。

②稀释液：灭菌的生理盐水或 pH 值 7.0～7.2 磷酸盐缓冲液（PBS）。

③抗原：鸡新城疫浓缩抗原。

④1.0%红细胞悬浮液：由翅静脉或心脏采成年鸡血，放入含有抗凝剂的灭菌试管（按每毫升血液加入 3.8%灭菌柠檬酸钠 0.2mL）内，迅速混匀。将血液注入离心管中，经 2 000 r/min 离心 5min，用吸管吸去上层血浆和中间层的白细胞薄膜，将沉淀的红细胞加生理盐水洗涤。再离心 5min，弃去上清液，再加稀释液洗涤。如此反复洗涤 5 次。将最后一次离心后的红细胞泥，用稀释液配制成 1.0%的红细胞悬液。

⑤被检血清：将被检鸡群编号登记，先用三棱针刺破翅下静脉，随即用孔径 2～3mm 塑料管引流血流至 6～8cm，在室温静置或离心，待血清析出后使用。

（二）血凝试验（HA）方法

主要是测定病毒的红细胞凝集价，以确定凝集抑制试验所用病毒的稀释倍数（抗原单位）。

①加稀释液：用微量移液器向反应板的第 1～12 孔各加稀释液 50μL。

②用倍比稀释法稀释病毒抗原：首先用稀释液将鸡新城疫浓缩抗原作 5 倍稀释。然后用微量移液器吸取 5 倍稀释的抗原 50μL 于第 1 孔中，并反复吹打 4～5 次，混匀后吸出 50μL 至第 2 孔……依次倍比稀释到第 11 孔，从第 11 孔吸出 50μL 弃去；第 12 孔不加抗原作为红细胞对照。

③加 1％的鸡红细胞悬液。用微量移液器向 1～12 孔各加 1％红细胞悬液 50μL。

④在振荡器上振荡 1～2min，室温静置 20min 后观察结果。

⑤结果观察：见表 6-3。

表 6-3　血凝试验操作

孔　号	1	2	3	4	5	6	7	8	9	10	11	12
抗原稀释度	1:2	1:4	1:8	1:16	1:32	1:64	1:128	1:256	1:512	1:1024	1:2048	红细胞对照
稀释液（μL）	50	50	50	50	50	50	50	50	50	50	50	50
病毒液（μL）	50	50	50	50	50	50	50	50	50	50	50	弃去 50
1% 红细胞悬液（μL）	50	50	50	50	50	50	50	50	50	50	50	50
作用时间与温度	振荡器振荡 1～2min，18～25℃静置 20～30min											

观察方法：将反应板倾斜 45°角，沉于管底的红细胞沿着倾斜面向下呈线状流动者为沉淀，表明红细胞未被或不完全被病毒凝集；如果孔底的红细胞铺平孔底，凝成均匀薄层，倾斜后红细胞不流动，说明红细胞被病毒所凝集。

在对照成立的情况下，判定结果。第 12 孔红细胞对照应无自凝现象。

凝集价判定：以出现完全凝集的抗原最大稀释倍数，为该抗原的血凝滴度。每次 4 排重复，以几何均值表示结果。

⑥计算出含 4 个血凝单位的抗原浓度：配制 4 单位抗原时，抗原应稀释的倍数＝血凝滴度/4

如果上例病毒液的血凝效价为1∶256。血凝抑制试验时，病毒抗原液须含4个凝集单位，则应将原病毒液作成256/4(即64)倍的稀释，即取0.1mL抗原，加入6.3mL生理盐水。

(三)血凝抑制试验(HI)方法

1. 加稀释液 用微量移液器向反应板的第1～11孔各加稀释液25μL。

2. 倍比稀释被检血清 用移液器吸取被检血清25μL注入第一孔并反复吹打4～5次，混匀后吸出25μL至第2孔……依次倍比稀释到第10孔，从第10孔吸出25μL弃去。这样血清稀释倍数依次为1∶2～1∶1 024。

3. 设立对照 第11孔不加血清作抗原对照，第12孔加新城疫阳性血清25μL，作为血清对照。

4. 加4单位抗原 用微量移液器向反应板的第1～12孔各加25μL 4单位抗原。

置振荡器上振荡1～2min，室温静置20min。

5. 加1%的鸡红细胞悬液 用微量移液器向1～12孔各加1%红细胞悬液25μL。

在振荡器上振荡1～2min，室温静置20min后观察结果。

6. 结果观察

(1)凝集抑制价判定 能将4单位抗原凝集红细胞的作用完全被抑制的血清最高稀释倍数，称为该血清的凝集抑制效价，即HI效价。凝集抑制价用被检血清的稀释倍数或以2为底的对数(lg2)表示。如果上例中，第1～6孔完全不凝集，第7～10孔凝集。对照第11孔红细胞完全凝集；对照第12孔红细胞完全不凝集。那么，该血清的凝集抑制价为1∶64或血凝抑制效价为6lg2。

在对照成立的情况下，判定结果。对照第11孔为抗原对照孔，红细胞一定凝集；对照第12孔为血清对照孔，红细胞一定不凝集。

(2)结果分析

①一般认为鸡的免疫临界水平为 1∶32(成年)或 1∶64(雏鸡),但随地区不同而有差异。

②鸡血清的血凝抑制抗体效价全部高于 1∶64 时可适当推迟新城疫免疫的时间,血凝抑制抗体效价在 1∶16 以下,须马上进行新城疫疫苗接种,在新城疫流行的地区或鸡场,鸡的免疫临界水平应再提高。

鸡血凝抑制试验操作见表 6-4。

表 6-4　凝集抑制试验操作

孔　号	1	2	3	4	5	6	7	8	9	10	11	12
待检血清稀释度	1∶2	1∶4	1∶8	1∶16	1∶32	1∶64	1∶128	1∶256	1∶512	1∶1024	抗原对照	阳性血清对照
稀释液 μL	25	25	25	25	25	25	25	25	25	25	25	25
待检血清 μL	25	25	25	25	25	25	25	25	25	25	弃去	
4 单位抗原 μL	25	25	25	25	25	25	25	25	25	25	25	25
作用时间与温度	振荡器振荡 1～2min，18℃～25℃静置 20～30min											
1%红细胞悬液 μL	25	25	25	25	25	25	25	25	25	25	25	25
作用时间与温度	振荡器振荡 1～2min，18℃～25℃静置 20～30min											

鸡群的血凝抑制抗体水平是以抽样样品的血凝抑制抗体效价的平均值表示的。

平均值在 6(lg2)以上,说明鸡群为免疫鸡群。若检样中血凝抑制抗体效价的最高值与最低值相差太大时,应根据临界水平以下的样品数在全部样品中所占的百分比决定免疫与否。

大型养鸡场,每次进行抽检时,抽检率一般不低于 0.1%;小型鸡群,抽样率应有所增加,一般认为理想的抽样率为 2%。

鸡群接种新城疫疫苗后,经 2～3 周测定血清中的血凝抑制抗体效价,若提高 2 个滴度以上,表示鸡的免疫应答良好,疫苗接种成功;若血凝抑制抗体效价无明显提高,表示免疫失败。

第三节　沉淀试验

可溶性抗原(如细菌的外毒素、内毒素、菌体裂解液,病毒的可溶性抗原、组织浸出液等)与相应的抗体结合,在适量电解质存在下,经过一定时间,形成肉眼可见的白色沉淀,称为沉淀试验。参与沉淀试验的抗原称沉淀原,抗体称沉淀素。

沉淀试验可分为液相沉淀试验和固相沉淀试验,液相沉淀试验有环状沉淀试验和絮状沉淀试验,以前者应用较多;固相沉淀试验有琼脂凝胶扩散试验和免疫电泳技术。

一、环状沉淀试验

环状沉淀试验是一种在 2 种液体界面上进行的试验,是最简单、最古老的一种沉淀试验,目前仍广泛应用。方法为在小口径试管中加入已知沉淀素血清,然后小心沿管壁加入等量待检抗原于血清表面,使之成为分界清晰的两层。数分钟后,两层液面交界处出现白色环状沉淀,即为阳性反应。试验中要设阴性、阳性对照。本法主要用于抗原的定性试验,链球菌的血清型鉴定等。

二、琼脂凝胶扩散试验

琼脂凝胶扩散试验(AGPT)简称琼扩试验,反应在琼脂凝胶中进行。琼脂是一种含有硫酸基的酸性多糖体,高温 98℃时能溶于水,冷却凝固(45℃)后形成凝胶,琼脂凝胶是一种多孔的网状结构。1%琼脂凝胶的孔径约为 85nm,因为凝胶网孔中充满水分,小于孔径的抗原或抗体分子可在琼脂凝胶中自由扩散,由近及远形成浓度梯度,当二者在比例适当处相遇时,即可发生沉淀反应,因形成的抗原抗体复合物为大于凝胶孔径的颗粒,不能在凝胶中再扩散，就在凝胶中形成肉眼可见的沉淀带，称此试验为琼脂凝胶扩散试验。

琼脂扩散可分单扩散和双扩散。单扩散是抗原抗体中一种成分扩散，另一种成分均匀分布于凝固的琼脂凝胶中；而双扩散则是2种成分在凝胶内彼此都扩散。根据扩散的方向不同又分为单向扩散和双向扩散。向一个方向直线扩散者称为单向扩散，向四周辐射扩散者，称为双向扩散。故琼脂扩散可分为单向单扩散、单向双扩散、双向单扩散和双向双扩散4种类型。其中以双向双扩散应用最广泛。

(一)双向单扩散

双向单扩散又称辐射扩散，试验在玻璃板或平皿上进行，用1.6%～2.0%琼脂加一定浓度的等量抗血清浇成琼脂凝胶板，厚度为2～3mm，在其上打直径为2mm的小孔，孔内滴加相应抗原液，放入密闭湿盒中扩散24～48h。抗原在孔内向四周辐射扩散，在比例适当处与凝胶中的抗体结合形成白色沉淀环。此白色沉淀环的大小随扩散时间的延长而增大，直至平衡为止。沉淀环面积与抗原浓度成正比，因此可用已知浓度抗原制成标准曲线，即可用以测定抗原的量。

此法在兽医临床已广泛用于传染病的诊断，如鸡马立克氏病的诊断。即将马立克氏病高免血清浇成血清琼脂平板，拔取病鸡新换的羽毛数根，自毛根尖端1cm处剪下插入琼脂凝胶板上，阳性者毛囊中病毒抗原向周围扩散，形成白色沉淀环。

(二)双向双扩散

此法以1%琼脂浇成厚约3mm的凝胶板，在其上按设计图形打圆孔(图6-1)，封底后在相邻孔内滴加抗原和抗体，饱和湿度下扩散24～96h，观察沉淀带。抗原抗体在琼脂凝胶中相向扩散，在两孔间比例最适的位置上形成沉淀带。如抗原抗体的浓度基本平衡时，沉淀带的位置主要决定于两者的扩散系数。但若抗原过多，则沉淀带向抗体孔偏移；若抗体过多，则沉淀带向抗原孔偏移。

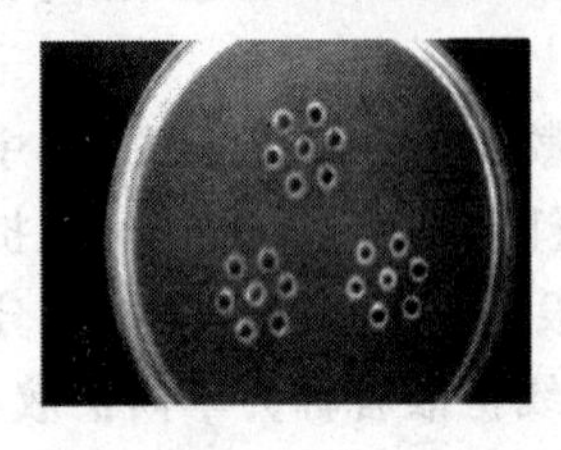
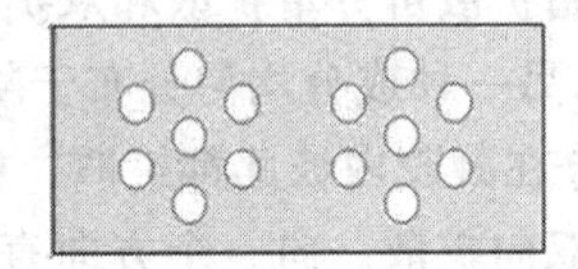

图 6-1　双向双扩散打孔方式

双扩散主要用于抗原的比较和鉴定，两个相邻的抗原孔与其相对的抗体孔之间，各自形成自已的沉淀带。此沉淀带一经形成，就像一道特异性屏障一样，继续扩散而来的相同抗原抗体，只能使沉淀带加浓加厚，而不能再向外扩散，但对其他抗原抗体系统则无屏障作用，它们可以继续扩散。沉淀带的基本形式有以下 3 种(图 6-2)。两相邻孔为同一抗原时，两条沉淀带完全融合，如二者在分子结构上有部分相同抗原决定簇，则两条沉淀带不完全融合并出现一个叉角。2 种完全不同的抗原，则形成两条交叉的沉淀带。不同分子的抗原抗体系统可各自形成 2 条或更多的沉淀带。

双扩散也可用于抗体的检测，测抗体时，加待检血清的相邻孔应加入标准阳性血清作为对照，以资比较。测定抗体效价时可倍比稀释血清，以出现沉淀带的血清最大稀释度为抗体效价。

目前此法在兽医临床上广泛用于细菌、病毒的鉴定和传染病的诊断。如检测禽白血病、马立克氏病、禽流感、传染性法氏囊病的琼脂扩散方法，已列入国家的检疫规程，成为上述几种疾病的重要检疫方法之一。

下面以法氏囊病的诊断和血清中法氏囊抗体效价的检测为例，说明双向双扩散试验的操作。

(1)试剂　法氏囊标准琼扩抗原与标准阳性血清(可购买)。

(2)琼脂板制备　称取优质琼脂 1g，氯化钠 8g，加入蒸馏水或

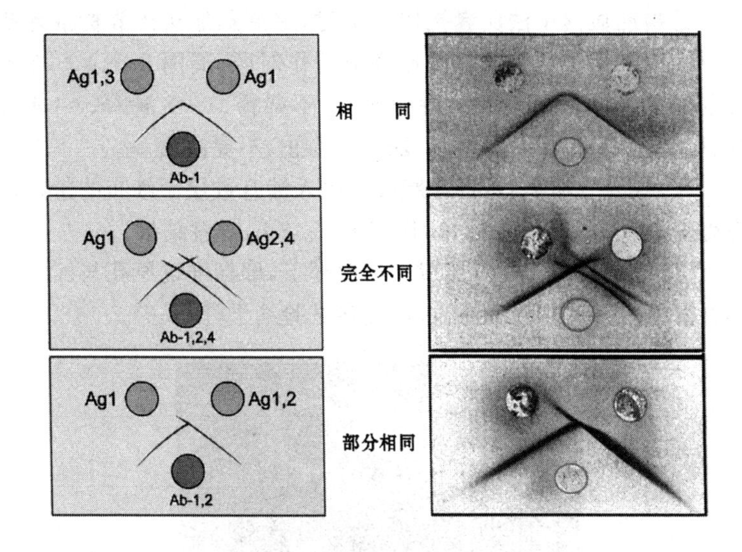

图 6-2　沉淀带的基本形式

无离子水 100mL，加热使琼脂糖溶解，再加入 1%硫柳汞 1mL。取直径 90mm 的平皿，每个平皿中加 20mL，制成厚度 3～4mm 的琼脂板，待凝固后放置于 4℃冰箱中，可供 1 周内使用。

(3)打孔　用打孔器打成中央 1 个孔、外周 6 个孔的梅花形图案，并剔去孔内琼脂。孔径为 3mm，孔距为 3mm。

(4)封底　将琼脂板背面放到火焰上轻轻灼烧，用手背感觉微烫即可。

(5)加　样

①用于检测法氏囊病毒(抗原)时，将已知的标准阳性血清置于中央孔，待检抗原和已知标准抗原放入周围相邻孔。

②用作血清学诊断，检测待检血清中是否含有法氏囊抗体时，将法氏囊标准琼扩抗原置中央孔，周围 1、3、5 孔加标准阳性血清，2、4、6 孔分别滴加待检血清。

③检测血清中法氏囊抗体效价时，中央孔加法氏囊标准琼扩抗原。周围第1孔加入标准阳性血清作对照，周围2、3、4、5、6孔分别加入不同稀释倍数的待检血清（不稀释、1∶2稀释、1∶4稀释、1∶8稀释、1∶16稀释）。加满孔为止，不要溢出。

(6)孵育　加毕后，将琼脂板平放入铺有数层湿纱布的带盖搪瓷盘内，置37℃条件下孵育，作用24～48 h，观察结果。

(7)结果判定　在对照成立的前提下，即标准抗原孔与标准阳性血清之间出现白色沉淀线，再观察试验结果（图6-3）。

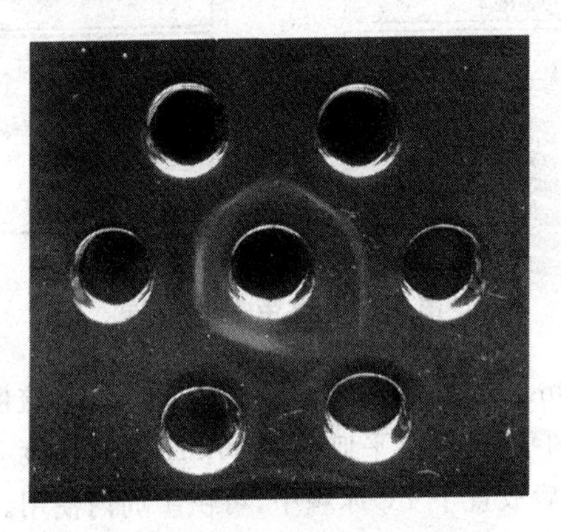

图6-3　抗原孔与抗体孔之间沉淀线

①待检抗原鉴定：当已知标准抗原孔与中央标准阳性血清孔之间出现白色沉淀线，待检抗原孔与中央标准阳性血清孔之间也出现沉淀线，而且沉淀完全融合，证明待检抗原与已知标准抗原是同种抗原；若二者部分相连，并有交角，表明二者有共同抗原决定簇；若两条沉淀线互相交叉，说明二者完全不同。如果待检抗原孔与中央标准阳性血清孔之间不出现沉淀线，说明待检抗原中不含有与标准阳性血清相对应的抗原。

②待检血清阴阳性判定：当已知标准血清孔与中央标准抗原

孔之间出现白色沉淀线，待检血清孔与中央标准抗原孔之间也出现沉淀线，而且沉淀完全融合者，判为阳性；待检血清无沉淀线或所形成的沉淀线与阳性血清对照的沉淀线交叉判为阴性。

③血清中抗体效价判定：当已知标准血清孔与中央标准抗原孔之间出现白色沉淀线，待检血清孔与中央标准抗原孔之间也出现沉淀线，而且沉淀完全融合者，以出现沉淀线的血清最大稀释倍数，即为该血清的抗体效价。

三、免疫电泳

免疫电泳技术是把凝胶扩散试验与电泳技术相结合的免疫检测技术。即将琼脂扩散置于直流电场中进行，让电流来加速抗原与抗体的扩散并规定其扩散方向，在比例合适处形成可见的沉淀带。此技术在琼脂扩散的基础上，提高了反应速度、反应灵敏度和分辨率。在临床上应用比较广泛的有对流免疫电泳和火箭免疫电泳等。

(一)对流免疫电泳

对流免疫电泳是将双向双扩散与电泳技术相结合的免疫检测技术。大部分抗原在碱性溶液(pH 值＞8.2)中带负电荷，在电场中向正极移动；而抗体球蛋白 IgG 等电点高，带负电荷少，在琼脂电泳时，由于电渗作用，向相反的负极移动。如果将抗体置于正极端，抗原置负极端，则电泳时抗原抗体相向泳动，在两孔之间形成沉淀带。对流免疫电泳比双向双扩散敏感 10～16 倍，并大大缩短了沉淀带出现的时间，简易快速，现已用于多种传染病的快速诊断。

1. 操作方法

①取纯化琼脂(免疫电泳需选用优质琼脂)1g 加入蒸馏水 50mL，加热熔化后加入等量预热到 60℃双倍浓度巴比妥缓冲液混合均匀，在水平台上将熔化的琼脂液滴于载玻片上(要铺平)，厚

3～4mm。冷却后即成琼脂板。琼脂凝胶板可放于湿盒，4℃保存备用。

0.05mol/L pH 值 8.6 的巴比妥缓冲液制备：巴比妥钠 10.3g、巴比妥 1.84g、叠氮钠 0.2g，加蒸馏水 500mL 即成双倍浓度；加蒸馏水至 1 000mL，即成 0.05mol/L pH 值 8.6 的巴比妥缓冲液。

②在琼脂凝胶板上打孔，孔径约 3mm，抗原、抗体间距 4mm 的图案(图 6-4)，挑去孔内琼脂，孔底用加热玻棒熔封，以免加样后泄漏。

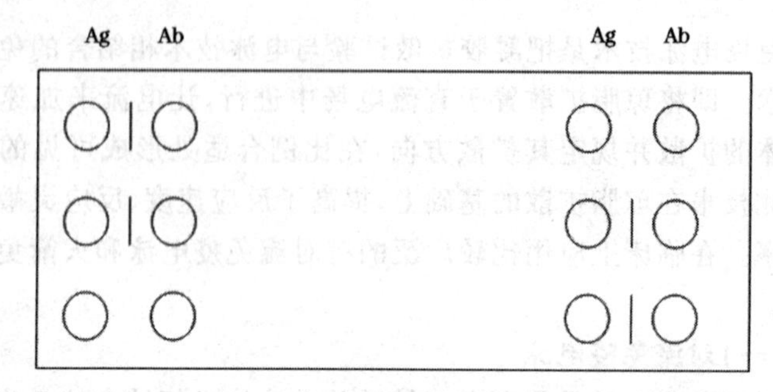

图 6-4　对流免疫电泳

③用微量移液器将抗原和血清分别加入抗原孔和血清孔，加满为止。抗原加入负极端一侧，抗体加入正极端。

④将打好的琼脂板平放于装好电泳缓冲液的电泳槽上，用缓冲液浸湿的 3～4 滤纸或纱布均匀搭在琼脂板的两端，用 2～4mA/cm 电流电泳 1h，观察肉眼可见的沉淀线。

⑤电泳毕，若无沉淀线出现，可将琼脂板置湿盒中，于 37℃保温数小时后，再观察结果。

2. 注意事项

①琼脂应选用电渗作用大的，不宜采用琼脂糖。

②沉淀带出现的位置与抗原抗体含量和泳动速度相关。如果抗原抗体含量相当，沉淀带在两孔间呈一条直线；如果抗原或抗体含量过高，可使沉淀带溶解出现假阴性结果，因此应调整好抗原和抗体的比例。

③有时抗原量极微，沉淀带不明显，在这种情况下，可把它在37℃中保温数小时，以增加清晰度。

（二）火箭免疫电泳

火箭免疫电泳是将辐射扩散与电泳技术相结合的一项检测技术，简称火箭电泳。将pH值8.6的巴比妥缓冲液琼脂熔化后，冷至56℃左右，加入一定量的已知抗血清，浇成含有抗体的琼脂凝胶板。在板的负极端打一列孔，孔径3mm、孔距8mm，滴加待检抗原和已知抗原，电泳2～10h。电泳时，抗原在含抗血清的凝胶板中向正极迁移，其前锋与抗体接触，形成火箭状沉淀弧，随抗原继续向前移动，此火箭状锋也不断向前推移，原来的沉淀弧由于抗原过量而重新溶解。最后抗原抗体达到平衡时，即形成稳定的火箭状沉淀弧。在试验中由于抗体浓度保持不变，因而火箭沉淀弧的高度与抗原浓度呈正比，本法多用于检测抗原的量（用已知浓度抗原作对比）。

第四节　中和试验

中和试验是病毒血清学试验的经典方法之一，是实验诊断病毒感染和鉴定病毒的重要手段，也是研究病毒的重要方法。中和试验其基本原理是特异性的抗病毒免疫血清（中和抗体）与病毒作用，能抑制病毒对敏感细胞的吸附、穿入和脱衣，从而阻止病毒增殖，使其失去感染能力。

本试验主要用于：①用已知的病毒或病毒抗原，测知病畜体内中和抗体的存在及其效价。中和抗体于病毒感染的早期即已出现,在急性感染的后期可达到相当高的滴度,从而诊断病毒性传染病。②用已知的抗病毒血清或中和性单克隆抗体,可以进行病毒的鉴定,因而,中和试验也常用于新分离病毒株的鉴定。③应用同一病毒的不同型的毒株或应用不同型的标准血清,可测定相应抗血清或病毒的类别,因而中和试验也可用于病毒的分型。

中和试验不仅可在易感的实验动物体内进行,也可在细胞培养或鸡胚上进行。试验方法主要有终点法中和试验、交叉保护试验和空斑减少试验等。

一、终点法中和试验

这是检查血清内中和抗体的最常用方法,具体方法有 2 种:固定病毒—稀释血清法和固定血清—稀释病毒法。

(一)所需试验材料

1. 病毒 在敏感动物、鸡胚或组织细胞内能稳定传代培养的病毒株,制成新鲜的病毒悬液,实验前,测定感染滴度[LD_{50}(半数致死量)、$TCID_{50}$(半数组织培养感染量)或 EID_{50}(半数鸡胚感染量)]。

2. 血清 用于中和试验的特异性抗血清(免疫血清)、阴性对照血清(与制备免疫血清同种动物的正常血清)及被检血清,均需保持无菌,一般使用前必须加热灭活,冷却后用于试验。

3. 稀释液 常用灭菌 Hank′s 液,每毫升含青、链霉素各 100IU。为保护病毒稳定性,稀释液中可加 10%正常兔血清或 10%脱脂牛奶。

4. 感染模型

(1)实验动物 根据不同病毒的感染以及致病特性,选择其敏感动物。对于实验动物的品种、出生龄、体重及健康状况,均须严格挑选。

(2)鸡胚 在孵化器中孵育一定天数的健康鸡胚。

(3)组织培养 选择对所试验病毒的原代或传代细胞，细胞繁殖旺盛，无病毒、细菌或支原体污染。

(二)毒价滴定

因为中和试验是以中和一定量病毒的感染力为基础的，因此在做试验之前必须进行毒价滴定。测定毒价必须注意：根据病毒致病特性选择适合的细胞、鸡胚、实验动物；将病毒原液做10倍递进稀释；选择4～6个稀释度接种细胞、鸡胚或实验动物；试验时每组设3～6管(只)，接种后观察细胞病变或发病死亡；按Reed-Muench法或Korber法计算$TCID_{50}$、EID_{50}或LD_{50}。Korber法简易，公式如下：

$$\lg TCID_{50}=L+d(S-0.5)$$

式中：

L——为病毒的最低稀释度对数(若最低稀释度为10^{-5}，则L为-5)；

d——为组距，即稀释系数(若10倍递进稀释，则$d=-1$)；

S——为各稀释度病变率(感染率或死亡率)之和。

EID_{50}与LD_{50}计数方法同$TCID_{50}$。

表6-5 病毒$TCID_{50}$滴定举例

病毒稀释	10^{-2}	10^{-3}	10^{-4}	10^{-5}	10^{-6}	10^{-7}
稀释度的对数	−2	−3	−4	−5	−6	−7
病变比值	4/4	4/4	4/4	3/4	2/4	0/4

本例$L=-2$，$d=-1$，$S=4/4+4/4+4/4+3/4+2/4+0/4=4.25$

代入公式$\lg TCID_{50}=-2+(-1)\times(4.25-0.5)=-5.75$，$TCID_{50}=10^{-5.75}$，0.1mL

查找对数表可得$TCID_{50}=1/560000$，0.1mL

如以 mL 为单位,则 $TCID_{50}=1/56000mL$

病毒毒价常以每 mL(g)含多少 $TCID_{50}$(EID_{50} 或 LD_{50}),本例毒价为 56 000 $TCID_{50}$/mL。

(三)固定病毒—稀释血清法

固定病毒—稀释血清法是指定量(一般为 100 个 $TCID_{50}$、EID_{50} 或 LD_{50})的病毒与不同稀释度的血清相混合,置适当的条件下感作一定时间后,再将血清—病毒混合物接种于实验动物、鸡胚或敏感细胞,以测定血清中中和抗体的效价。以能够保护 50%实验动物、鸡胚或组织细胞不死亡、不感染或不发生病变的血清最高稀释倍数,作为该血清的 50%中和效价(PD_{50})。

具体操作方法如下:

①将已滴定的病毒原液释成 200 LD_{50}(EID_{50} 或 $TCID_{50}$)。

②稀释血清:先将试验血清用 Hank′s 液 5 倍(适当倍数)稀释,置 56℃水浴中处理 30min,以破坏补体和其他不耐热的特异性杀病毒因子。随后再用稀释液做 2 倍递进稀释,这样血清稀释倍数依次为 1∶10,1∶20,1∶40……

③取不同稀释度血清与等量病毒悬液混合后,病毒量为 100 LD_{50}(EID_{50} 或 $TCID_{50}$)。放在 37℃水浴作用 1～2h,每一稀释度接种 3～6 只实验动物(3～6 瓶细胞培养物或 3～6 个鸡胚),观察死亡数(感染数或病变数)。

④设立对照:设立不加血清的病毒液对照;血清毒性对照(被检血清本身对试验动物、鸡胚、组织培养细胞无任何毒性),也就是给实验动物(鸡胚)接种(或在组织培养细胞中加入)高浓度(最低倍稀释)待检血清;留出同批的实验动物(鸡胚或组织培养细胞)作为正常对照;必要时尚需设置阴性血清和阳性血清对照。

⑤结果计算:按 Korber 法计算 50%保护量(PD_{50}),即该血清的中和价(表 6-6)。

表 6-6　固定病毒稀释血清法计算中和指数举例

病毒 100 LD_{50}，接种量 0.1mL/只，每个稀释度接种 4 只实验动物

血清稀释倍数	1∶10	1∶20	1∶40	1∶80	1∶160
稀释度对数	−1	−1.3	−1.6	−1.9	−2.2
保护比值	4/4	4/4	3/4	1/4	0/4

上例 $L=-1, d=-0.3, S=4/4+4/4+3/4+1/4+0/4=3$

代入公式 $\lg PD_{50}=-1+(-0.3)\times(3-0.5)=-1.75$

即待检血清的 50%中和效价（PD_{50}）$=10^{-1.75}=1/60$，也就是 1∶60 稀释的待检血清可保护 50%的实验动物（鸡胚或组织细胞）免于死亡（感染或出现病变）。

（四）固定血清稀释病毒法

这种方法是在固定量的血清中，加入等量不同稀释度的病毒，用对照非免疫血清（对照组）和待检血清同时进行测定，计算每一组的 LD_{50}（EID_{50} 或 $TCID_{50}$），然后计算中和指数。

$$中和指数=\frac{试验组\ LD_{50}(EID_{50}或\ TCID_{50})}{对照组\ LD_{50}(EID_{50}或\ TCID_{50})}$$

当中和指数大于 50 为阳性，表示未知血清中有中和抗体，10～50 为可疑，若小于 10 为阴性，表示无中和能力存在。

具体操作方法如下：

①稀释病毒：将病毒原液作 10 倍依次稀释，使之成为 10^{-1}、10^{-2}、10^{-3}……

②将各稀释度的病毒分别加入两排无菌试管内，一排每管加入与病毒等量的免疫（或被检）血清作为试验组，另一排每管加入与病毒等量的正常血清（非免疫）作为对照组。充分摇匀后放入 37℃水浴作用 1 h。

③接种实验动物（鸡胚或组织培养），以 Korber 法计算试验组

及对照组的LD_{50}($TCID_{50}$或EID_{50})。

④结果计算

$$中和指数=\frac{试验组\ LD_{50}(EID_{50}或\ TCID_{50})}{对照组\ LD_{50}(EID_{50}或\ TCID_{50})}=\frac{10^{-2}}{10^{-4.25}}$$

$$=10^{2.25}=177.8$$

说明待检血清中和病毒的能力为对照血清的177.8倍。见表6-7。

表6-7 固定血清稀释病毒法计算中和指数举例

病毒稀释度	10^{-1}	10^{-2}	10^{-3}	10^{-4}	10^{-5}	10^{-6}	LD_{50}
对照血清组死亡比值			4/4	3/4	0/4	0/4	$10^{-4.25}$
待检血清组死亡比值	4/4	2/4	0/4	0/4	0/4	0/4	10^{-2}

二、交叉保护试验

先将实验动物进行主动免疫或被动免疫,然后以待检病毒进行攻击,根据实验动物被保护的情况,判定待检病毒的种类和型别。本法的缺点是试验周期太长,并且需要大量的实验动物。

本试验可用已知免疫血清鉴定未知病毒。其方法是:根据病毒的易感性选定实验动物(鸡胚或细胞)及接种途径。将动物分为试验组与对照组。试验组:将待检病料磨碎,加双抗,在4℃冰箱作用1h或经过滤器过滤,与已知的抗血清等量混合,置于37℃中作用1h后接种动物。对照组则用正常血清(非免疫血清)加入稀释病料,作用后,接种另一组实验动物。对照组动物发病死亡,而试验组动物不死,即证实病料中含有与已知抗血清相应的病毒。

本试验也可用已知病毒鉴定未知血清。其方法是:采取发病后15～30d的动物血清,用灭菌生理盐水稀释后,接种实验动物,24h后,用已知血清型的毒株分别攻毒,每只$100LD_{50}$,同时设立不注射血清组作为攻毒对照。根据动物死亡和存活情况判断待检血清的种类和型别。

第五节　免疫荧光技术

免疫荧光(IF)技术是用荧光素标记抗体或抗原的一种方法。属于免疫标记技术的方法之一。该技术将血清学的特异性、荧光素的敏感性以及显微术的高度精确性结合在一起。

该技术是根据抗原抗体反应的原理,先将已知的抗原或抗体标记上荧光素制成荧光标记物,再用这种荧光抗体(或抗原)作为分子探针检查细胞或组织内的相应抗原(或抗体)。在细胞或组织中形成的抗原抗体复合物上含有荧光素,利用荧光显微镜观察标本,荧光素受激发光的照射而发出明亮的荧光(黄绿色或橘红色),可以看见荧光所在的细胞或组织,从而确定抗原或抗体的性质、定位,以及利用定量技术测定含量。

如果用荧光素标记抗体示踪或检查相应的抗原称荧光抗体技术;如果用荧光素标记抗原示踪或检查相应的抗体称荧光抗原技术。然而,由于抗原物质的结构和理化性质多种多样,标记条件因抗原的种类不同而异,不易统一,所以荧光抗原技术极少应用。以荧光抗体技术较常用。目前,在禽病诊断中最常用的是直接 IF 技术和间接 IF 技术。新城疫、马立克氏病、传染性法氏囊病、传染性支气管炎、传染性喉气管炎、鸡传染性贫血、小鹅瘟、鸡传染性鼻炎、禽支原体病等多种禽传染病都可利用 IF 技术检测。

一、免疫荧光技术的方法

(一)直接染色法

将标记的特异荧光抗体直接加在抗原标本上,经一定温度和时间的染色,洗去未参加反应的多余荧光抗体,在荧光显微镜下便可见到被检抗原与荧光抗体形成的特异性结合物而发出的荧光(图 6-5)。直接染色法的优点是:特异性高,操作简便,比较快速。缺点是:一种标记抗体只能检查一种抗原,敏感性较差。直接法应设阴、阳性标本对照,抑制试验对照。

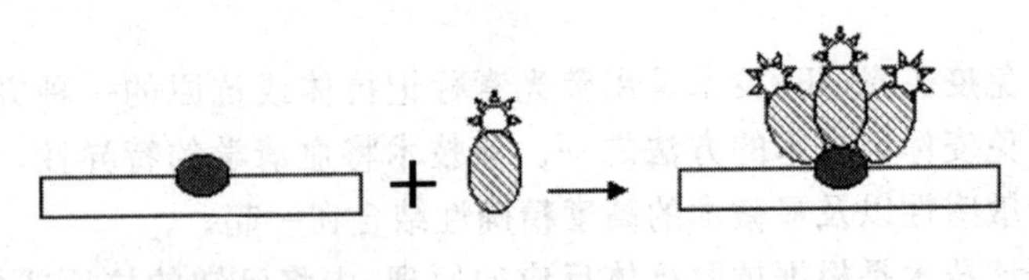

图 6-5 直接染色法

(二)间接染色法

如果检查未知抗原,先用已知未标记的特异抗体(第一抗体)与抗原标本进行反应,作用一定时间后,洗去未反应的抗体,再用标记的抗抗体即抗球蛋白抗体(第二抗体)与抗原标本反应,如果第一步中的抗原抗体互相发生了反应,则抗体被固定或与荧光素标记的抗抗体结合,形成抗原—抗体—抗抗体复合物,再洗去未反应的标记抗抗体,在荧光显微镜下可见荧光。在间接染色法中,第一步使用的未用荧光素标记的抗体起着双重作用,对抗原来说起抗体的作用,对第二步的抗抗体又起抗原作用。

由于免疫球蛋白有种属特异性,因此标记的抗球蛋白抗体必须用第一抗体同种的动物血清球蛋白免疫其他动物来制备。间接染色法的优点是既能检查未知抗原,也能检查未知抗体;而且用一种标记的抗球蛋白抗体,可检查多种未知抗原或抗体,敏感性高。缺点是:由于参加反应的因素较多,受干扰的可能性也较大,判定结果有时较难,操作繁琐,对照较多,时间长。

(三)抗补体染色法

抗补体染色法简称补体法,是间接染色法的一种改良法,首先由 Goldwasser 等建立。本法利用补体结合反应的原理,用荧光素标记抗补体抗体，鉴定未知抗原或未知抗体(待检血清)。染色程序也分两步：先将未标记的抗体和补体加在抗原标本上，使其发生反应，水洗，然后再加标记的抗补体抗体。如果第一步中抗原抗体发生反应，形成复合物，则补体便被抗原抗体复合物结合，第二步加入的荧光素标记的抗补体抗体便与补体发生特异性反应，使之形成抗原—抗体—补体—抗补体抗体复合物，发出荧光。抗补体染色法具有和间接法相同的优点，还有其独特的优点：即只需要一种标记抗补体抗体，便能检测各种抗原—抗体系统。因为补体的作用没有特异性，它可以与任何哺乳动物的抗原—抗体系统发生反应。它的缺点是参与反应的成分多，染色程序较复杂，比较麻烦。

二、荧光抗体的制备

(一)免疫血清的制备及免疫球蛋白的提纯

制备高效价的特异性抗血清是免疫荧光技术成功的前提。为此，用于免疫的抗原必须高度提纯，尽可能不含其他非特异性的抗原物质，血清的效价与特异性是矛盾的，通常以高效价的免疫血清为好，因为用这种血清制备荧光抗体，即使其中含有少量非特异抗体，也可以通过稀释法将其除去。为提高血清效价，在制备免疫原时，通常采用大剂量加佐剂，长程免疫，其中以弗氏不完全佐剂最常用。即按抗原 1 份、无水羊毛脂 1 份、液状石蜡 2 份混合，待充分乳化后，免疫动物，即可能获得高效价的免疫血清。用于荧光素标记的免疫血清，需提纯后使用，这样不但可以提高抗体的效价，而且还可以排除 γ 球蛋白以外的蛋白质，减少非特异性荧光的出现。从免疫血清中将特异性抗体提纯与荧光素标记是免疫荧光技术的关键一环。在免疫荧光技术中所应用的特异性抗体，主要是 IgG 类，其提纯方法很多，但以饱和硫酸铵盐析法比较简便，也可用分子筛层析法(即葡聚糖凝胶过滤)，以及离子交换层析法等，或先用盐析法精提，然后再经过层析柱进一步纯化。

(二)荧光色素的标记

能够产生明显荧光并能作为染料使用的有机化合物称为荧光色素或荧光染料。用于标记抗体的荧光色素，必须具有化学上的活性基因，能与蛋白质稳定结合，且不影响标记抗体的生物活性及抗原抗体的特异性结合。适于标记蛋白的荧光色素主要有异硫氰酸荧光黄(FITC)，四乙基罗达明(RB200)和四甲基异硫氰基罗达明(TMRITC)。实际上目前应用最多的只有异硫氰酸荧光黄一种。

1. FITC 标记 FITC 为黄色结晶形粉末，分子量为 389，易溶于水和酒精等溶剂中，溶解后呈黄绿色荧光，最大吸收光谱为 490～495nm，FITC 的溶液不稳定，易因水解或叠聚而变质，故需在配好后 2 h 内应用。FITC 含有异硫氰基，在碱性条件下能与 IgG 的自由氨基结合，形成荧光抗体结合物。1 个分子的 IgG 有 86 个赖氨酸残基，但一般最多只能标记 15～20 个。

(1)直接标记法 取抗体球蛋白溶液 10mL，碳酸盐缓冲液 3mL，生理盐水 17mL，混合；在 4℃电磁搅拌下加 FITC 3mg(先溶解在 3mL 缓冲液中)；在 4℃继续搅拌 4～6 h；将结合物通过已平衡好的 Sephadex G 25 柱，以除去未结合的游离荧光素。

(2)透析标记法 将抗体球蛋白溶液用碳酸盐缓冲液(0.25mol/L，pH 值 9.0)调至 1%(W/V)，并装入透析袋中；按蛋白质量的 1/20 称取 FITC 溶于 10 倍抗体溶液量的碳酸盐缓冲液中；将透析袋浸没于 FITC 液中，于 4℃搅拌 16～18 h；取出透析袋于 0.01mol/L，pH 值 7.2 PBS 中透析 4 h；将结合物通过已平衡好的 Sephadex G 25 柱，去除游离荧光素。

2. RB200 标记 本品为无定形褐红色粉末，不溶于水，易溶于酒精和丙酮，性质稳定，可长期保存，分子量为 580，最大吸收光谱为 570nm，呈明亮的橙色荧光，因与 FITC 的黄绿色有明显区别，故被广泛用于对比染色或用于两种不同颜色的荧光抗体的双重染色。方法为：取 1g RB 200 及五氯化磷(PCl_5)2g 放乳钵中研磨 5min(在毒气操作橱中)；加 10mL 无水丙酮，放置 5min，随时搅拌，过滤，用所得溶液进行结合。将每毫升血清用 1mL 生理盐水及 1mL 碳酸盐缓冲液(0.5mol/L，pH 值 9.5)稀释，逐滴加入 0.1m RB 200 溶液，随加随搅拌，在 0℃～4℃继续搅拌 12～18h。

3. TMRITC 标记 TMRITC 为紫红色粉末，性能比较稳定，分子量为 443，最大吸收光谱为 550nm，呈橙红色荧光。其结合方法与 FITC 的直接标记法相同，只是所加色素量为蛋白质量的 1/30～1/40，结合时间持续 16～18 h。

4. 影响标记的主要因素 温度、时间、酸碱度和标记量 4 个因素。温度低，标记时间长，温度高，标记时间应短。FITC 0℃～4℃以 6～12 h 为宜，20℃～25℃以 1～2 h 为宜，37℃ 30～45min 为宜。pH 值低时，标记较慢；pH 值偏高(大于 10)，抗体易变性；pH 值 9.0～9.5 最为适宜。抗体蛋白含量低，标记慢，以每毫升含 20～25mg 蛋白为宜。至于标记方法，各有特点，但均不能去除非特异荧光染色因素。透析法适用于小体积的标记。

(三)标记抗体的纯化

抗体标记以后，应立即进行纯化处理，以消除或降低非特异性染色和特异交叉染色。其步骤如下：标记抗体溶液，透析或凝胶过滤去除游离荧光色素(粗制荧光抗体)，DEAE-纤维素层析去除过度标记的蛋白分子(精制荧光抗体)，抗原交叉吸收或组织制剂吸收去除特异交叉反应的标记抗体(免疫纯荧光抗体)。根据免疫荧光试剂的具体用途，纯化的方法可以不同，并不是每一种荧光试剂都须经过以上全部过程。对于某些细菌诊断试剂，只要除去游离荧光素就可以，检测病毒抗原的荧光抗体一般要求下述处理：

1. 游离荧光素的去除 去除标记过程中未与蛋白质结合的游离荧光素，是纯化标记试剂的最基本要求，不经过这一步处理，任何免疫荧光试剂都不能应用。

(1)半透膜透析法　利用荧光色素分子可以通过半透膜，而蛋白质分子则因分子量大不能通过的原理，逐步将游离色素除去。先将标记好的抗体溶液装于透析袋或玻璃纸袋内，注意使液面上留有一定空间，扎紧袋口，先用流动自来水透析 5min，再转入 PBS(0.01mol/L，pH 值 7.2)或生理盐水中继续透析，外液量至少大于内液量 100 倍，透析应在低温(0℃～4℃)下进行，每天换液 3～4 次，整个透析时间约需 1 周左右，时间过长容易造成蛋白质变性，影响荧光抗体的质量。取透析液(外液)以紫外线灯检查，若无荧光出现，即可停止透析。

(2)凝胶过滤法　利用荧光色素分子和蛋白质分子量的悬殊差别，通过分子筛除去游离荧光素，一般 1h 以内即能完成操作，但最好与透析法结合进行。先将标记抗体溶液透析 4h，除去大部分游离荧光素和其他小分子物质以后，再进行凝胶过滤，这样有利于保护凝胶柱，延长使用时间。凝胶柱 sephadex G 25 和 G 50 装好后，以洗脱液(0.001mol/L 或 0.005mol/L PBS，pH 值 7.0～7.2)平衡，然后加入样品，样品与柱床容积的比例 1∶2 以下皆可。样品全部进入柱床后，即可进行洗脱。应用此法可使游离荧光素完全除去，同时荧光抗体可以 100%回收。

2. 过度标记的蛋白质分子的去除　去除游离荧光素后，结合物中存在的未标记的和过度标记的蛋白质，是降低染色效价和出现非特异性染色的主要因素。常用的方法是 DEAE-纤维素或 DEAD-葡聚糖凝胶层析，结合物通过层析柱后，过度标记的部分(易出现非特异性)被吸附，过低标记的或未标记的部分(易降低敏感性)自由流出，从而可以得到荧光素与蛋白质结合比最适的部分。DEAD-纤维柱用 PBS 平衡后，柱上端放一大小合适的滤纸片，打开下口，调解流速至 10～20 滴/min 左右，待柱上液面剩一薄层 PBS 时，用吸管滴加标记样品，样品进入柱床尚离一薄层时，用适量 PBS 冲洗管壁，然后用大量 0.01mol/L，pH 值 7.2 的 PBS 洗脱，用 20％磺基水杨酸液试测洗脱液。待蛋白出现阳性反应时即可收集，蛋白反应阴转时停止收集，该洗脱液即为纯化的标记抗体。

3. 特异交叉或额外应用性标记抗体的去除　去除特异交叉或额外应用标记抗体，常用组织粉末吸收法，最常用的是肝粉，这一步处理对标记的抗体来说，损失是很大的，一般可省去这一步。

(四)标记抗体的鉴定

经过以上各种程序所获得的精制荧光抗体，使用前须做特异性测定、敏感性鉴定以及纯度测定后，才可正式用于荧光抗体染色。

三、荧光抗体染色

(一)标本的制备

免疫荧光主要是检测、鉴定、定位和追踪各种抗原成分，所以制备荧光染色标本时首先注意保持抗原活性，尽可能使其形态、位置不改变，不溶解，标本尽量制薄，使抗原—标记抗体复合物易于接受激发光源，以便观察。

1. 组织切片标本　主要是冰冻切片和石蜡切片标本。

(1)*冰冻切片*　是将低温(－30℃或－70℃)保存的组织取出，切成 10μm×5μm×3μm 的小块，贴于冷冻切片机的组织固定架上，使迅速凝结，一般为－10℃或－20℃。冻结后应立即切片，厚度为 4μm 以下，并迅速贴于玻片上，要求标本展开铺平，不重叠，然后冷风吹干固定。

(2)*石蜡切片*　与组织学中的常规法有所不同，它的优点是较容易制备薄而均匀的标本。组织结构较冰冻切片鲜明，蜡块能长期保存，但最大的缺点是组织的固有荧光强。

其操作步骤如下：

①将新鲜组织块放入95%乙醇中,4℃,1～2 h。

②将组织切成3～4mm厚薄片,浸入95%乙醇中,4℃,15～24h。

③依次通过无水乙醇4缸,每缸1h(4℃)。

④依次通过二甲苯4缸,每缸1.5～2h(4℃)。

⑤移至室温,依次用53℃～56℃石蜡4缸包埋,每缸1.5～2h。

⑥按常规法切片,并贴在玻片上,玻片上也可涂上石炭酸筋胶,以免染色冲洗时切片脱落。

⑦切片置37℃,温箱干燥1.5～2h。

⑧依次用二甲苯3缸脱蜡,每缸3min。

⑨依次用经100%、95%、80%、60%、40%乙醇去二甲苯,每缸1min。

⑩用pH值7.0 PBS在室温洗涤20min左右。染色备用。

2. 涂片和压印片 此法简单,适用于检查感染组织标本、血液、脓汁、穿刺液等。涂片方法是将材料均匀涂布于玻片上,冷风吹干即可。印片方法是将组织以剪刀剪开,用无菌滤纸将切面血液吸干,然后玻片轻压创面,使之黏上1～2层细胞,标本冷风吹干即可。

3. 组织培养标本 主要为病毒感染的细胞。常用的有盖玻片法及点片法。前者将盖玻片送进细胞培养瓶,使细胞在其裸露呈单层生长,当细胞感染一定时间后取出,置于底部有孔的试管内,以磷酸缓冲盐水漂洗,除去培养基,干燥固定保存备用。也可用点片法,将感染病毒的细胞吹打,使细胞分散,吸出,均匀滴在载玻片上或直接刮片滴于载玻片上,冷风吹干,固定备用。

(二)标本的固定

在荧光抗体试验中,染色标本的固定是个很重要的步骤。通过固定,不仅要使标记的抗体易于接近抗原,从而发生反应,而且要求标本中的抗原的活性不受损失，同时还要保护其自然形态和位置。因此，根据所研究的抗原和组织细胞种类的不同，相应地采用不同的固定方法。

应用最广泛的固定液是丙酮（100%）和乙醇（100%或 95%），其次是甲醇（100%）、甲醛（10%）等。固定的温度和时间变化很大，温度从－70℃至 37℃都有应用，时间一般在 10～30min。室温（18℃～22℃），10～15min；37℃，5～10min；－20℃～－70℃，30min 至 1h 以上。组织培养、病毒培养标本主要用冷丙酮固定，4℃15min。切片多用乙醇固定。

（三）染　色

1. 直接染色法　步骤如下。

①于标本片上滴加适当稀释的荧光抗体，置湿盒内，37℃感作 30min 后取出。

②先以 pH 值 7.2 PBS 冲洗，继以自来水冲洗 5min 左右，最后以蒸馏水冲洗，自然干燥或吹干。

③滴加缓冲甘油封片（无荧光甘油 9 份，pH 值 7.2 PBS 1 份）镜检。

④对照的设立

标本自发荧光对照：已知抗原标本加 1～2 滴 PBS 或不加，应无荧光出现。

阻抑试验：标本滴加同种未标记抗体感作 30min 后，再加标记抗体，镜检应无荧光现象。

阳性对照：标记抗体与已知抗原染色，应呈强荧光反应。

2. 间接法染色

①标本经固定后，于被检标本上滴加已知未标记的抗体（或抗原）置湿盒 37℃感作 30min。

②先以 pH 值 7.2 的 PBS 冲洗，然后浸泡于三缸 PBS 中，每缸 3min 并注意振荡。

③弃掉 PBS,用吸水纸吸干。

④滴加相应的抗球蛋白荧光抗体,置湿盒 37℃感作 30min。

⑤以 PBS 浸洗 3 次,最后用蒸馏水洗 1 次,缓冲甘油封片后镜检。

⑥对照染色:标本自发荧光对照;荧光抗体对照:标本只加荧光抗体染色,结果应为阴性;阻断试验:先加第一抗体,再加未标记的第二抗体,最后加标记的第二抗体,结果应为阴性;

阳性对照:用已知特异性抗体与相应抗原结合,再加荧光抗体,结果为阳性;

阴性对照:用已知阴性材料代替第一抗体,经荧光染色后应为阴性。以上结果完全正确,正式实验才能确定结果。

(四)结果判定及标本保存

根据荧光颗粒多少、亮度强弱及阳性细胞的数量来判定结果,可分为如下 4 个等级:

"－":无荧光,为阴性。

"＋":阳性细胞≤25%,为极弱的可疑荧光。

"＋＋":阳性细胞≤50%,荧光较弱,但清晰可见。

"＋＋＋":阳性细胞≤70%,荧光明亮。

"＋＋＋＋":阳性细胞≤90%,荧光强而明亮,且范围广。

每次镜检的观察时间,以 1h 为宜,超过 2h,高压汞灯发光强度下降,荧光减弱。标本在高压水银灯下,由于化学作用,荧光素与抗体会暂时解离,而造成荧光减弱,影响观察及显微摄影。

在完成染色后,应尽快镜检,观察结果。此时特异性荧光强。若不能立即镜检,标本片应密封置 4℃保存,以防荧光素和蛋白质变性,迄今尚无荧光染色标本永久保存的方法。

第六节　免疫酶技术

免疫酶技术是将抗原抗体反应的特异性与酶的高效催化作用有机结合的一种方法。它以酶作为标记物，与抗体或抗原联结，酶与抗体或抗原结合，既不改变抗体或抗原的免疫反应特异性，也不影响酶本身的酶学活性。酶标抗体或抗原与相应的抗原或抗体相结合后，形成酶标抗体—抗原复合物。复合物中的酶在遇到相应的底物时，催化底物分解，使供氢体氧化而成有色物质。有色物质的出现，客观地反映了酶的存在。根据有色产物的有无及其浓度，即可间接推测被检抗原或抗体是否存在以及其数量，从而达到定性或定量的目的。

免疫酶技术在方法上分为两类，一类用于组织细胞中的抗原或抗体成分检测和定位，称为免疫酶组织化学法或免疫酶染色法；另一类用于检测液体中可溶性抗原或抗体成分，称为免疫酶测定法。

一、免疫酶染色法

标本制备后，先将内源酶抑制，然后便可进行免疫酶染色检查。其基本原理和方法与荧光抗体法相同，只是以酶代替荧光素作为标记物，并以底物产生有色产物为标志。免疫过氧化物酶试验是免疫酶染色法中最常用的一种。

(一)免疫酶染色法类型

常规免疫酶染色法可分为直接和间接两种方法。

1. 直接法　用酶标记特异性抗体，直接检测微生物或其抗原。在含有微生物或其抗原的标本固定后，消除其中的内源性酶，用酶做标记的抗体直接处理，使标本中的抗原与酶标抗体相结合，然后加底物显色，进行镜检。

2. 间接法 将含有微生物或其抗原的组织或细胞标本，先用特异性抗体处理，使抗原抗体结合，洗涤清除未结合的部分，再用酶标记的抗抗体进行处理，使其形成抗原—抗体—酶标记抗抗体复合物，最后滴加底物显色，进行镜检。

间接法虽然多一步骤，但比直接法特异性强，使用范围广。因为只要用一种酶标记一种动物的球蛋白抗体，就可以检测该种动物的任何一种抗体。

(二)免疫酶染色法的操作程序(以间接法为例)

1. 染色标本制备 用于免疫酶染色的标本有组织切片(冰冻切片、石蜡切片)、组织乳剂涂片、组织压印片以及组织培养单层细胞标本等。这些标本的制备方法与免疫荧光技术相同。

2. 固定 标本制备后，应选用适当的固定剂进行固定。选用的固定剂应既不影响抗原的活性，又不妨碍抗体的进入，有利于抗原和抗体的结合。微生物抗原的固定剂一般应用甲醇、乙醇和丙酮，以冷条件下的固定为宜，固定时间为10～15min。

3. 消除内源酶 用酶结合物作细胞内抗原定位时，由于有些组织和细胞内含有内源性过氧化物酶。可与标记的过氧化物酶在显色反应上发生混淆，因此必须在滴加酶结合物之前，消除内源性酶。目前有以下几种方法可供选用：

①用0.3%～3%过氧化氢室温处理标本15～30min。

②用0.1%苯肼37℃作用15min。

③用0.074%盐酸乙醇液(100mL乙醇中含0.2mL浓盐酸)，室温处理15min。

④还可用1%～3%过氧化氢甲醇溶液处理单层细胞标本和组织乳剂涂片标本15～30min，同时起到固定和消除内源酶的作用。

4. 洗涤 免疫酶染色法时，在每两步主要操作之间都要进行洗涤，以除去未结合的物质，充分洗涤可以有效降低背景染色。免疫酶染色的洗涤液通常为 0.01mol/L pH 值 7.4 的 PBS 液。标本在洗涤液中搅拌浸泡洗涤 3 次，每次 10～15min。

5. 感作　滴加最适浓度的抗血清，在湿盒内 37℃感作 30min，使其形成抗原抗-体复合物。

6. 标记　用 pH 值 7.4 的 PBS 充分泡洗标本后，滴加最适浓度的酶标记抗 IgG 抗体使其形成抗原-抗体-抗 IgC 抗体-酶复合物。

7. 加底物　用 PBS 充分泡洗后，加 3，3-二氨基联苯二胺(DAB)-H_2O_2底物溶液，避光显色 15～30min。

8. 检查　冲洗后肉眼观察或借助普通光学显微镜检查，抗原所在部位呈现棕黄色。

在上述染色过程中，第一抗体和酶标记第二抗体的最佳使用浓度应以棋盘滴定预先选择，不宜过低或过高，过低会影响检出敏感性，过高则呈现非特异性染色。

(三)免疫酶染色法中所用试剂的配制

(1)pH 值 7.4 PBS 溶液　称取 NaCl 8.0g、KH_2PO_4 0.2g、$Na_2HPO_4 \cdot 12H_2O$ 2.9g、KCl 0.2g，蒸馏水加至 1 000mL。

(2)保温液　于 pH 值 7.4 PBS 中加入吐温-20，使其浓度为 0.5%，再加牛血清白蛋白，使其最终浓度为 0.1%即成。

(3)0.05mol/L pH 值 7.6 Tris-HCl 缓冲液　0.2mol/L Tris 溶液 25mL、0.1mol/L HCl 溶液 40mL，蒸馏水加至 100mL。

(4)3，3-二氨基联苯胺—过氧化氢溶液(DAB—H_2O_2)　取 DAB 100mg 溶于 0.05mol/L pH 值 7.6 Tris-HCl 缓冲液 100mL 中，过滤，避光保存，染色前加 30%过氧化氢，最终浓度为 0.03%。

二、免疫酶测定法

免疫酶测定法用于抗原和抗体的定量测定，分为固相免疫酶测定法和均相免疫酶测定法两类。

固相免疫酶测定方法需要用固相载体，以化学或物理的方法将抗原或抗体连接其上，制成免疫吸附剂，随后进行免疫酶测定。酶联免疫吸附试验(ELISA)是固相免疫酶测定法中应用最广泛的一种。由于ELISA法操作简便、实用性强，在实际中应用最广，包括间接法、夹心法及竞争法等。

(一)酶联免疫吸附试验(ELISA)的类型

1. 间接法 常用于检测血清中的抗体成分。先将抗原包被固相载体，加入含待测抗体的液体标本，待抗原抗体结合后洗涤；再加入酶标记的抗IgG抗体，使之与结合在固相抗原上的IgG反应，孵育后洗去游离的酶标记抗IgG抗体；然后再用酶相应的底物显色来揭示抗原—抗体—抗抗体复合物的存在。间接法只用一种酶标记一种动物的抗IgG抗体，就可以检测该种动物的任何一种抗体。

2. 双抗体夹心法 这是一种检测标本中抗原的方法。基本原理是将抗体包被于载体后作为固相，加入待测标本，使抗原通过免疫学反应结合在固相抗体上，洗去未结合的抗原；再加入酶标记的特异性抗体与固相抗体上的抗原反应，洗涤除去未结合的游离酶标抗体；最后加入酶的相应底物，固相化的酶催化底物生成有色产物，以揭示抗原的存在。用此法检测的抗原，要求至少有2个结合微点，故不能用来检测半抗原，而且每一待测抗原都要制备一种特异性的酶标抗体。

3. 双夹心法 此法用于检测体液中的抗体成分，特别是检测特异性IgM，有助于病毒性疾病的早期诊断。基本原理是先将抗IgM(μ链)包被固相载体，加入待测血清，反应后洗去未结合部分；加入酶标记的特异性抗原(病毒抗原成分)，反应后并洗涤；加入底物反应，显色表明待测液体中含有对标记抗原(病毒成分)所特异的IgM。或者制备酶标记的抗病毒抗体，待测血清与固相抗

IgM(μ链)反应后,加入特异性的病毒抗原成分;再依次加入酶标记抗体和底物,显色说明待测液体中有特异性 IgM 类抗体。

(二)酶联免疫吸附试验主要组成部分

1. 酶结合物 通过化学方法或免疫学反应,让酶与抗体或其他抗原、半抗原物质结合的过程,称为酶的标记或交联,结合的产物称酶结合物或酶标记物。

酶是催化化学反应的特殊蛋白质,具有高度的敏感性。免疫酶技术与其他免疫学技术的不同之处,在于其酶结合物既能参与免疫学反应,又能参与酶化学反应,它们质量好坏直接影响到酶技术的敏感性和特异性。可用于免疫酶的酶有 20 多种。到目前为止,应用最多的是辣根过氧化物酶(HRP),它是从植物辣根中提取的一种过氧化物酶。

HRP 与各种蛋白质的酶结合物,多采用冻干后贮存,置室温 18 个月或置－20℃之下,仍有活性。也可采用与等量纯甘油混合,分装成小瓶,贮于 4℃。为便于保存,常在酶结合物中加入适当的防腐剂。

2. 载体 许多物质都可以作固相载体,如聚苯乙烯、聚乙烯、聚丙烯酰胺纤维素等,其形式有试管、微量反应板小珠等。几乎所有的塑料都有吸附蛋白质的能力,目前应用最广的固相载体是聚苯乙烯微量反应板。抗原、免疫球蛋白主要是以物理吸附作用固定于聚苯乙烯固相载体的表面,它的吸附效果除与包被液的浓度、pH 值、孵育时间等有关外,主要与塑料的类型和表面类型有关。不同批量的聚苯乙烯反应板之间其吸附性能有一定差异,有时即使是同一块反应板上不同凹孔的吸附能力也不尽相同,往往周边孔的吸附性能高于中央孔,即所谓的边缘效应。因此,对于每一批新反应板在使用时,需进行检查其吸附性能。一般认为,每孔的 OD 值误差在±10%范围内,否则不能使用。

反应板的阴、阳血清孔的 OD 差值应该大,这样可以提高敏感度。

反应板一般不需要特殊处理，或用蒸馏水冲洗干净后晾干即可，切忌使用阳离子型去污剂洗涤以改变载体表面电荷而丧失吸附能力。

3. 待测标本 血清、血浆及其他体液都可作为酶免疫的测定法中使用的待测标本，其质量好坏对测定结果也有一定影响。

血清中免疫球蛋白与塑料固相常出现非特异的吸附，这种非特异性吸附与标本的浓度、免疫球蛋白聚合物、抗原-抗体复合物、免疫球蛋白绝对量等因素有关。若抗体浓度太高，抗体分子间相互作用而形成不稳定的多层吸附，影响 ELISA 的重复性，若待测标本中免疫球蛋白含量高，则产生非特异性吸附，最后结果的本底显色就深。另外，待测标本浓度过低也将会影响抗原-抗体之间的免疫学反应。血清不宜反复冻融，以免降低血清中的抗体或抗原的免疫学活性。分离血清最好是室温自然凝固析出血清，若 4℃以下凝固，则易丢失大量的 IgM 及 IgG。

4. 洗涤液 在 ELISA 整个操作流程中需要数次洗涤，其目的是将未结合的抗原、抗体、游离的酶结合物以及血清中反应无关的其他成分等去除。常用的是含 0.05%吐温-20，0.01mol/L pH 值 7.4 的 PBS。吐温是聚氧乙烯去水山梨醇脂肪酸酯，属非离子型表面张力物质，用它作为助溶剂可减少表面的非特异性吸附，它不仅对不同的 pH 值有显著的抵抗力，也能较稳定的与高浓度的电解质共存。

5. 底物 在 ELISA 中，最后一步却必须通过与酶底物的显色而揭示抗原抗体的存在。不同的酶要求不同的底物，对底物的要求是价廉、易得、安全、显色性和稳定性好。ELISA 中使用的酶，还要求终产物为可溶性。

下面仅介绍 ELISA 中常用的 2 种底物：

(1)邻苯二胺(OPD) 反应后生成可溶性的棕褐色产物，最大吸收峰是 492 nm，生色稳定、灵敏性较高。

(2)四甲基联苯胺及其硫酸(TMB 及 TMBS) 5mg TMB 或 TMBS 溶于 5.0mL 无水乙醇或二甲基亚砜(DMSO)中，必要时可加温至 40℃使之充分溶解；取 4mL TMB 溶液加入 16mL 醋酸盐缓冲液(0.2 mol/L，pH 值 5.8～6.0)中混匀。临用前将上液与等体积的 0.03%过氧化氢水溶液混匀。TMB 经酶作用后呈蓝色，15～30min 达高峰，可以用目测法观察结果。用 1 mol/L 过氧化氢终止反应呈黄色(终止反应前呈蓝色)，最大吸收峰为 450nm。

(三)ELISA 的操作要领

1. 固相载体的选择 固相载体在使用前，必须先进行预试验，选择性能好的固相载体。

吸附性能可用以下方法测定：在固相载体的每一孔中，加入同一份同一稀释度的抗原或抗体，使之吸附于小孔表面，然后按常规方法操作，加底物显色后测定每一孔溶液的 A 值。一般认为，两孔的 A 值误差均应在±10%范围内，否则不能使用。固相载体要求标准阴、阳抗体或抗原孔的光密度差值要大，二者相差 10 倍以上才属合格。

2. 预备试验 在进行 ELISA 试验前，必须进行预试验以确定酶结合物、包被抗原或抗体的最适浓度、底物的最适反应时间等。

(1)酶结合物的确定 以 pH 值为 9.6 碳酸盐缓冲液将 IgG 稀释至 100μg/mL，加入固相载体的每一孔中进行包被，洗涤后将酶结合物以 1∶200、1∶400、1∶800……做系列稀释，依次加入各孔，每一稀释度加 2 孔。反应完毕后加底物显色，读取结果，以能产生光吸收值(A)为 1.0 的稀释度为包被蛋白质的最适浓度。

(2)包被蛋白质浓度的确定 酶结合物浓度确定后，应测定包被蛋白质(抗体或抗原)的最适浓度。其步骤是：将欲包被的蛋白质用 pH 值 9.6 的碳酸盐缓冲液做 1∶10、1∶20、1∶40……系列稀释,以每个稀释度包被固相载体的 2 个孔,然后进行常规的 ELISA 操作。最后读取结果,同样以能产生光吸收值为 1.0 的稀释度为包被蛋白质的最适浓度。

(3)底物最适作用时间的确定　以最适稀释度抗原和酶结合物进行试验,加入底物后在不同时间终止反应,即可确定最适反应时间。

3. 包被　将蛋白质(抗原或抗体)吸附于固相载体表面的过程称为包被。除了应选择合适的载体外,产生最适合包被还与下列条件有关:

(1)包被液 pH 值　一般认为 pH 值 7～10 范围内包被效果较好,通常用 pH 值为 9.6 的 0.1M 或 0.05M 碳酸盐缓冲液稀释抗原或抗体。

(2)吸附时间与温度　大多数为 4℃过夜,这样能均匀而完全吸附。有时也可采用 37℃吸附 1～5 h。

(3)蛋白质浓度　为了使载体表面能吸附更多蛋白质(抗原或抗体),其浓度一般在 1～10μg/mL。若浓度太高,不仅耗费试剂,还会因蛋白质分子间的相互作用力较大,而影响载体对蛋白质的吸附,在测定中也可能产生前带现象;若浓度太低,则载体表面不能被蛋白质完全覆盖,相继加入的血清标本和酶结合物中的蛋白质将会部分地、非特异性地吸附于载体表面,最后产生非特异性的显色。因此,最好预先测定其合适浓度。

4. 洗涤　在 ELISA 试验过程中,与免疫酶染色法一样,为了除去前一步所加的未结合的抗原、抗体或结合物,防止其与随后加入的相应物质或底物产生不应有的反应,则每一步都必须进行洗涤。其方法是:先将载体各孔甩干,再加洗涤液充满各孔,静置 3～5min,如此重复 3 次。然后将载体甩干,立即加入下一步试剂。

5. 封闭　抗原或抗体包被后,载体表面仍可能遗留有未吸附蛋白质的空白位点，从而造成下一步的非特异性吸附，因此需封闭可能存在的空白位点。常用的封闭液有1%～3%牛血清白蛋白、3%～5%脱脂乳、10%牛血清等。加入封闭液后，可在37℃吸附2 h，然后洗涤。

6. 结果判断　常用的有以下几种：

(1)光电比色法　一般以自动酶标仪判读计算取结果，先确定一个阳性或阴性的阈值，样品在同样条件下测定，高于此阈值的判为阳性，否则为阴性。或者以待测血清OD值(P)与阴性血清OD值(N)之比来判断，P/N≥2.1判为阳性，1.5～2.1可疑阳性，≤1.5为阴性。

(2)肉眼观察　直接以肉眼观察反应产物的颜色变化，绿色或黄色为阳性，白色为阴性。这种方法主要用于ELISA的定性实验中。

第七章　家禽常见细菌性疾病的实验室检测

第一节　鸡白痢的实验室检测

禽沙门氏菌病是由沙门氏菌属中一种或多种细菌引起禽类的传染病，对养禽业的发展带来严重危害。根据病原菌的抗原结构不同分为3种不同的疾病。由鸡白痢沙门氏菌引起的称为鸡白痢。鸡白痢是危害雏鸡十分严重的传染病，特别是2周龄内的雏鸡，发病率高，死亡率高。

一、病原学特征

(一)形　态

鸡白痢沙门氏菌为两端稍钝圆的细长(0.3～0.5μm×1～2.5μm)革兰氏阴性杆菌，菌体呈单个存在，很少见到呈2个菌体以上的链状排列。在抹片中偶然可以看到长丝状的大菌体。本菌不运动、不液化明胶、不产生芽孢、不产生色素。

(二)培养特性

本菌为需氧或兼性厌氧，可在普通肉汤琼脂或肉汤培养基中生长，在肠道杆菌鉴别或选择性培养基上大多数菌株因不能发酵乳糖而形成无色菌落。本菌能发酵葡萄糖、阿拉伯糖、果糖、甘露醇、鼠李糖和木糖等，多数不发酵麦芽糖，不发酵乳糖、蔗糖。石蕊牛乳不变色、吲哚和V-P试验阴性，MR试验阳性。能还原硝酸盐，能使赖氨酸和鸟氨酸脱羧基。

(三)抗原结构

鸡白痢沙门氏菌只有菌体抗原(O 抗原),无鞭毛抗原(H 抗原)和表面抗原(Vi 抗原)。其 O 抗原为 O_1、O_9、O_{12},O_{12}可发生变异。由于成年家禽感染后 3～10d,能检测出相应的凝集抗体,因此临床上常用凝集试验检测隐性感染者和带菌者。需要指出的是,鸡白痢沙门氏菌和鸡伤寒沙门氏菌具有很高的交叉凝集反应性,所以可使用一种抗原来检测这两种细菌。

(四)抵 抗 力

本菌对热和常规消毒剂的抵抗力不强,60℃ 10～20min 可将其杀灭,3%石炭酸 15～20min 可将其杀灭。在鸡舍内,患病鸡粪便中的病原菌可存活 10d 以上。

二、实验室诊断

(一)样品的采集

急性病例死亡的雏鸡,可采取肝、脾、心血、胆汁或未吸收的卵黄(以肝脏最好);成年母鸡可采取有病变的卵泡、输卵管;心包炎病例可采取心包液;公鸡可采取有病变的睾丸。

(二)分离培养

无菌采取上述病料,一部分病料直接划线接种于麦康凯琼脂平板、SS 琼脂平板、伊红美蓝琼脂平板或营养琼脂平板上,分离单个菌落。另一部分病料放在灭菌乳钵中研磨成匀浆,取此匀浆 1mL 接种于 10mL 四硫磺酸钠煌绿增菌肉汤或亚硒酸盐增菌肉汤培养液中。37℃培养 24～48 h,在麦康凯琼脂平板或 SS 琼脂平板上若出现细小、无色透明、圆形、光滑的菌落;在伊红美蓝琼脂平板上不产生金属光泽;在营养琼脂平板上出现分散、针尖大小、灰白色、光滑、半透明的菌落,即可判为可疑菌落。若在鉴别培养基上无可疑菌落出现时,应从增菌培养基中取菌液在鉴别培养基上划线分离,37℃培养 24～48 h,若有可疑菌落出现,则做进一步鉴定。

(三)形态学镜检

挑取可疑菌落涂片、革兰氏染色后镜检,可见到无荚膜、无芽孢、无鞭毛、两端稍钝圆细长、革兰氏染色阴性小杆菌。

(四)生化试验

从SS琼脂平板上挑取菌落,在三糖铁琼脂斜面上做划线接种并向基底部穿刺接种,37℃培养24 h。三糖铁琼脂斜面呈红色,底部黄色。从三糖铁培养基中取菌落接种到营养琼脂上进行纯培养,进一步取纯培养物做生化试验或血清学鉴定。鸡白痢沙门氏菌的生化特征见表7-1。

表7-1 鸡白痢沙门氏菌的生化反应特征

生化项目	反应特征	生化项目	反应特征
葡萄糖	发酵产气	靛基质试验	阴 性
乳 糖	不发酵	硝酸盐试验	阳 性
蔗 糖	不发酵	尿素酶试验	阴 性
甘露醇	发酵产气	MR试验	阳 性
麦芽糖	常不发酵	V-P试验	阴 性
卫矛醇	不发酵	氰化钾试验	阴 性
鸟氨酸脱羧	阳 性	赖氨酸脱羧酶试验	阳 性

鸟氨酸脱羧试验是鉴别鸡白痢沙门氏菌和鸡伤寒沙门氏菌的最可靠试验(鸡白痢沙门氏菌呈阳性,而鸡伤寒沙门氏菌呈阴性)。常采用麦芽糖和卫矛醇发酵试验用来鉴别鸡白痢沙门氏菌和副伤寒沙门氏菌(鸡白痢沙门氏菌常不发酵麦芽糖、不发酵卫矛醇,而副伤寒沙门氏菌能够发酵麦芽糖和卫矛醇)。

(五)血清学鉴定

鸡白痢沙门氏菌O抗原血清学鉴定方法:①用毛细吸管或接种环取沙门氏菌A-F多价O血清1滴,置清洁载玻片一端,另一端放生理盐水,用接种环取少量被检菌培养物或浓菌液制备的抗原,分别放在血清或盐水中,各自充分混匀,轻轻摇动玻片,若前者凝集,后者不凝集,可初步鉴定为沙门氏菌;若细菌培养物制备的抗原在生理盐水中自凝,则为粗糙型菌落,不能用来分型。②再分别用O_9、O_{12}、H-a、H-d、H-g. m和H-g. p单价因子血清做平板凝集反应,如果培养物与O_9、O_{12}因子血清呈阳性反应,而与H-a、H-d、H-g. m和H-g. p因子血清呈阴性反应时,则鉴定为鸡白痢沙门氏菌或鸡伤寒沙门氏菌。

(六)鸡伤寒和鸡白痢全血(血清)平板凝集试验

1. 材料　鸡伤寒和鸡白痢多价染色平板抗原、强阳性血清、弱阳性血清、阴性血清。玻璃板、滴管或金属丝环(内径7.5～8.0mm)、酒精灯、针头、消毒盘和酒精棉等。

2. 操作　在20℃～25℃环境条件下,用定量滴管或吸管吸取抗原,垂直滴于玻璃板上1滴(相当于0.05mL),然后用针头刺破鸡的翅静脉或冠尖,用滴管或金属环取血0.05mL(相当于内径7.5～8.0mm金属丝环的两满环血液),与抗原充分混合均匀,并使其散开至直径为2cm,不断摇动玻璃板,计时判定结果,同时设强阳性血清、弱阳性血清、阴性血清对照。

3. 结果判定　在2min内,抗原与强阳性血清应呈100%凝集(++++),弱阳性血清应呈50%凝集(++),阴性血清不凝集(—),判试验有效。在2min内,被检全血与抗原出现50%(++)以上凝集者为阳性,不发生凝集则为阴性,介于两者之间为可疑反应,将可疑鸡隔离饲养1个月后,再做检测,若仍为可疑反应,按阳性反应判定。

4. 注意事项　诊断液是一种悬浮液,用前必须充分摇匀;本试验只用于检测成年鸡，对雏鸡敏感性较差；试验应在 20℃左右的室温进行；使用过的采血针、滴管或金属环、玻璃板等需经消毒后再用。血清平板凝集试验的操作方法同全血平板法，只是以血清代替全血，判断结果的时间为 30～60s。

第二节　禽伤寒的实验室检测

禽伤寒是由鸡伤寒沙门氏菌引起鸡、鸭和火鸡的一种急性或慢性败血性传染病，特征是青年、成年鸡发生黄绿色下痢，肝脏肿大，呈青铜色。

一、病原学特征

禽伤寒的病原体是鸡伤寒沙门氏菌，该菌在形态上比鸡白痢沙门氏菌粗短，常单独存在，无鞭毛、不能运动，不形成芽孢和荚膜，两端染色略深。可以在选择性增菌培养基如亚硝酸盐和四硫磺酸盐肉汤中，以及鉴别琼脂培养基上生长。鸟氨酸培养基不脱羧，因此鸟氨酸脱羧试验是鉴别鸡白痢沙门氏菌和鸡伤寒沙门氏菌的最可靠试验(鸡白痢沙门氏菌呈阳性，而鸡伤寒沙门氏菌呈阴性)。其他生化特征与鸡白痢沙门氏菌相同。

鸡伤寒沙门氏菌有 O 抗原和 Vi 抗原。本菌与鸡白痢沙门氏菌有相同的菌体抗原 O_1、O_9、O_{12}，但没有 O_{12} 的变异发生。不过两者有很高的交叉凝集反应，可使用一种抗原来检测这两种细菌。

二、实验室诊断

(一)样品的采集

根据病变特征采取病料。雏鸡，无菌采取有病变的肺；成年鸡可无菌采取有病变的肝、脾等。

(二)分离培养

分离培养方法同鸡白痢沙门氏菌,同时进行增菌和分离培养,具体操作如下:将病料分别接种亚硒酸盐煌绿增菌培养基或四硫磺酸钠煌绿增菌培养基和亚硫酸铋琼脂平板、SS 琼脂平板、麦康凯琼脂平板或营养琼脂平板上。37℃培养 24～48 h,在亚硫酸铋琼脂平板上若出现灰绿色菌落或黑色有金属光泽的菌落(产生 H_2S 菌株);在麦康凯琼脂平板上出现细小、无色透明、圆形、光滑的菌落;在 SS 琼脂平板上出现无色或中心带黑色的菌落(产生 H_2S 菌株);在营养琼脂平板上出现无色、湿润、圆形、隆起、边缘整齐的细小菌落,但相对于鸡白痢沙门氏菌的菌落稍大些,即可判为可疑菌落。若在鉴别培养基上无可疑菌落出现时,应从增菌培养基中取菌液在鉴别培养基上划线分离,37℃培养 24～48 h,若有可疑菌落出现,则进一步做鉴定。

(三)形态学镜检

挑取可疑菌落涂片、革兰氏染色后镜检。在形态上鸡伤寒沙门氏菌比鸡白痢沙门氏菌粗短,常单独存在,无荚膜、无芽孢、无鞭毛、两端染色略深、革兰氏染色阴性小杆菌。

(四)生化试验

从亚硫酸铋琼脂平板上挑取菌落,在三糖铁琼脂斜面上做划线接种并向基底部穿刺接种,37℃培养 24 h。三糖铁琼脂斜面呈红色,底部黄色,产生 H_2S 菌株底部缓慢变黑。从三糖铁培养基中取菌落接种到营养琼脂上进行纯培养,进一步取纯培养物做生化试验。鸡伤寒沙门氏菌的生化特征见表 7-2。

本菌与鸡白痢沙门氏菌的生化特征相似,但不含鸟氨酸脱羧酶。所以,可通过鸟氨酸脱羧试验进行鉴别,鸡白痢沙门氏菌能迅速脱羧基,而鸡伤寒沙门氏菌不能脱羧基。

表 7-2 鸡伤寒沙门氏菌的生化反应特征

生化项目	反应特征	生化项目	反应特征
葡萄糖	发酵不产气	靛基质试验	阴 性
乳 糖	不发酵	硝酸盐试验	阳 性
蔗 糖	不发酵	尿素酶试验	阴 性
甘露醇	发酵不产气	MR 试验	阳 性
麦芽糖	发酵不产气	V-P 试验	阴 性
卫矛醇	发酵不产气	氰化钾试验	阴 性
鸟氨酸脱羧	阴 性	赖氨酸脱羧酶试验	阳 性

（五）血清学鉴定

鸡伤寒沙门氏菌 O 抗原血清学鉴定方法：同鸡白痢沙门氏菌。一般采用 1.5%琼脂斜面培养物作玻片凝集试验用的抗原。若 O 血清不凝集时，将菌种接种在琼脂量较高的（如 2.5%～3%）培养基上再检查；如果是由于 Vi 抗原的存在而阻止了 O 凝集反应时，可挑取菌苔置 1mL 生理盐水中做成浓菌液，在酒精灯火焰上煮沸破坏 Vi 抗原再检查。

鸡伤寒沙门氏菌 Vi 抗原的鉴定：用 Vi 因子血清检查。

第三节 禽副伤寒的实验室检测

禽副伤寒是由多种能运动的广嗜性沙门氏菌引起的禽类传染病。主要危害鸡和火鸡，常引起幼禽严重死亡，母禽感染后会引起产蛋率、受精率和孵化率下降。

一、病原学特征

引起禽副伤寒的沙门氏菌约有90多个血清型，其中最常见的有鼠伤寒沙门氏菌、肠炎沙门氏菌、鸭沙门氏菌、乙型副伤寒沙门氏菌等，以鼠伤寒沙门氏菌最常见。

本菌为一群血清型上相关的革兰氏阴性杆菌，大小为0.4～0.6μm×1～3.0μm，有鞭毛，能运动，不形成芽孢和荚膜。但在自然条件下，也可遇到无鞭毛或有鞭毛而不能运动的变种。

禽副伤寒沙门氏菌为兼性厌氧菌，这类细菌对营养物质要求不高，能在普通琼脂和普通肉汤中生长，用煌绿、SS、麦康凯琼脂可直接分离继代。

禽副伤寒沙门氏菌能发酵葡萄糖、甘露醇、麦芽糖、山梨醇并产气，不发酵乳糖、蔗糖。不产生吲哚，能还原硝酸盐，多数菌株能产生 H_2S。MR试验阳性，V-P试验阴性；精氨酸脱羧酶、赖氨酸脱羧酶、鸟氨酸脱羧酶阳性。

禽副伤寒沙门氏菌的抵抗力不强，60℃ 15min可将其杀灭；酸、碱、酚类及甲醛等常用消毒药对其有很好的杀灭效果。

二、实验室诊断

（一）样品的采集

无菌采取病死鸡的肝、脾、心血、肺，或者用拭子插入泄殖腔转动，带出黏附粪样，然后将拭子投入选择性增菌肉汤中备用。

（二）分离培养

分离培养方法同鸡白痢和鸡伤寒沙门氏菌。该菌在营养琼脂平板上生长良好，经24 h培养后，形成中等大小、圆形、光滑、湿润、微隆起、边缘整齐的菌落；产生 H_2S 菌株在SS琼脂平板上形成中心带黑色的菌落，在亚硫酸铋琼脂平板上形成黑色有金属光泽的菌落，其周围绕以黑色或棕色大圈。

（三）形态学镜检

挑取可疑菌落涂片、革兰氏染色后镜检。可见到无荚膜、无芽孢、有鞭毛、能运动革兰氏染色阴性小杆菌。

（四）生化试验

从亚硫酸铋琼脂平板上挑取菌落，在三糖铁琼脂斜面上作划线接种并向基底部穿刺接种，37℃培养 24 h。三糖铁琼脂斜面呈红色，底部黄色，产生 H_2S 菌株底部缓慢变黑。从三糖铁培养基中取菌落接种到营养琼脂上进行纯培养，进一步取纯培养物做生化试验。鸡副伤寒沙门氏菌的生化特征见表 7-3。

表 7-3 鸡副伤寒沙门氏菌的生化反应特征

生化项目	反应特征	生化项目	反应特征
葡萄糖	发酵产气	靛基质试验	阴 性
乳 糖	不发酵	硝酸盐试验	阳 性
蔗 糖	不发酵	尿素酶试验	阴 性
甘露醇	发酵产气	MR 试验	阳 性
麦芽糖	发酵产气	V-P 试验	阴 性
卫矛醇	发酵不产气	氰化钾试验	阴 性
鸟氨酸脱羧	阳 性	赖氨酸脱羧酶试验	阳 性

根据鸡白痢沙门氏菌不能发酵卫矛醇，而鸡伤寒沙门氏菌不能使鸟氨酸脱羧，很容易将副伤寒沙门氏菌与家禽其他沙门氏菌分开（表 7-4）。

表 7-4 鸡白痢沙门氏菌、鸡伤寒沙门氏菌和副伤寒沙门氏菌生化特征鉴别表

生化反应及结果	鸡白痢沙门氏菌	鸡伤寒沙门氏菌	副伤寒沙门氏菌
葡萄糖	发酵产气	发酵不产气	发酵产气
麦芽糖	常不发酵	发酵不产气	发酵不产气
卫矛醇	不发酵	发酵不产气	发酵不产气
鸟氨酸脱羧	阳 性	阴 性	阳 性

(五)血清学鉴定

副伤寒沙门氏菌有 O 抗原、H 抗原和 Vi 抗原。由于引起禽副伤寒的沙门氏菌种类多,血清学鉴定非常复杂,且与其他肠道菌可发生交叉凝集,所以血清学方法在实际诊断中用得不多。

1. O 抗原的鉴定 用毛细吸管或接种环取沙门氏菌 A-F 多价 O 血清 1 滴,置清洁载玻片一端,另一端放生理盐水,用接种环取少量被检菌培养物或浓菌液制备的抗原,分别放在血清或盐水中,各自充分混匀,轻轻摇动玻片,若前者凝集,后者不凝集,可初步鉴定为沙门氏菌;若细菌培养物制备的抗原在生理盐水中自凝,则为粗糙型菌落,不能用来分型。

在被检菌培养物与 A-F 多价 O 因子血清凝集后,进一步以代表 A 群(O_2)、B 群(O_4)、C_1 群(O_7)、C_2 群(O_8)、D 群(O_9)、E 群(O_3,O_{10})、F 群(O_{11})的因子血清做同样的玻片凝集反应,根据试验结果,判定 O 群。被 O_3、O_{10} 血清凝集的菌株,再用 O_{10},O_{15},O_{34},O_{19} 单因子血清做凝集试验判定 E_1E_2,E_3E_4 各亚群。

菌群判定后,用该群所含的各种 O 因子血清和被检菌做玻片凝集反应,以鉴定其 O 抗原。

2. H 抗原的鉴定 同 O 抗原的鉴定方法,采用玻片凝集试验。

先用4种多价H血清(HA、HB、HC、HD)进行筛查,如果与其中某种多价H血清发生凝集,再用该多价血清所包括的各种H因子血清逐一检查。如果与HA、HB、HC多价血清均不凝集,用其他H单因子血清继续筛查。确定第一相和第二相H抗原。

3. Vi抗原的鉴定 用Vi因子血清检查。

4. 菌型确定 在鉴定出O抗原、H抗原和Vi抗原后,查阅沙门氏菌抗原表,即可确定待检查的菌型。

第四节 大肠杆菌病的实验室检测

禽大肠杆菌病是由致病性大肠杆菌引起的不同类型疾病的总称,包括大肠杆菌性败血症、大肠杆菌性肉芽肿、气囊炎、肝周炎、肿头综合征、腹膜炎、输卵管炎、滑膜炎、全眼球炎及脐炎等一系列疾病。大肠杆菌病多继发或并发其他疾病,是目前养禽业最棘手的传染病之一,给养禽生产带来严重损失。

一、病原学特征

大肠杆菌属于肠道杆菌科、埃希菌属,为革兰氏阴性、中等大小的杆菌,无荚膜,不形成芽孢。

本菌为需氧或微厌氧,对营养要求简单,在一般培养条件下生长良好。在普通琼脂培养基上生长良好,部分菌株在血液琼脂上表现有溶血性,在远藤氏培养基和麦康凯培养基上形成红色菌落,在伊红美蓝琼脂上形成紫黑色带金属光泽的菌落。

该菌能分解乳糖、甘露醇、阿拉伯糖,产酸产气;不分解糊精、淀粉和肌醇;蔗糖、卫矛醇发酵不定;MR试验阳性,吲哚试验阳性,V-P试验阴性;H_2S试验阴性。

目前已知大肠杆菌具有173种O抗原(菌体抗原)、80种K抗原(荚膜抗原)、56种H抗原(鞭毛抗原)和17种F抗原(菌毛抗原)。大肠杆菌血清学鉴定是以 O、K、H 3 种抗原为基础。

大肠杆菌对物理化学因素敏感,如 60℃环境中 20min 或 55℃下 1h 即可杀灭,但在常温下存活时间较长。当机体的抵抗力降低时,如过热、过冷、密度过大、营养不良以及其他疾病因素(新城疫、禽流感、传染性支气管炎、巴氏杆菌病等)可使皮肤和黏膜的屏障功能降低,使致病性大肠杆菌大量繁殖,从而引起发病。

二、实验室诊断

(一)样品的采集

根据不同病型采取不同的病料。急性败血症型,无菌采取心、心血和肝脏;亚急性纤维蛋白病变的心包和气囊;脐炎的卵黄物质;眼型的眼内脓性或干酪样物;关节炎的关节脓液;输卵管炎、腹膜炎的干酪样物等。

(二)染色镜检

将采集到的病料制成涂片,进行革兰氏染色后镜检。典型者可见到两端钝圆、成对或单个存在的、革兰氏阴性短杆菌,无芽孢、无荚膜,但有时在病料中很难看到典型的细菌。

(三)分离培养

初次分离时最好使用鉴别培养基。无菌采集的病料划线接种于麦康凯琼脂平板、伊红美蓝琼脂平板及远藤氏琼脂平板或营养琼脂平板。如果病料中细菌数量很少,可用普通肉汤增菌后,再划线接种于上述培养基上。置于 37℃恒温箱培养 24h 观察培养特征。如果麦康凯琼脂平板出现桃红色、边缘整齐、隆起,光滑、湿润较大菌落;伊红美蓝琼脂平板出现紫黑色带金属光泽、圆形,表面光滑,边缘整齐的菌落;远藤氏琼脂平板上出现紫红色带金属光泽的菌落;营养琼脂平板出现灰白色或无色、隆起、光滑、湿润、半透明、边缘整齐、较大菌落;即可初步判断。

挑取可疑菌落涂片、革兰氏染色后镜检,可见到两端钝圆、成对或单个存在的、革兰氏阴性短杆菌、无芽孢、无荚膜。

(四)生化试验

从麦康凯琼脂平板上挑取菌落，在三糖铁琼脂斜面上做划线接种并向基底部穿刺接种，37℃培养24h。若三糖铁琼脂的斜面和底面都变黄，产气，不产生硫化氢。从三糖铁培养基中取菌接种到营养琼脂上进行纯培养，进一步取纯培养物做生化试验。大肠杆菌生化特征见表7-5。

表7-5 大肠杆菌生化特征

序 号	生化项目	反应结果	序号	生化项目	反应结果
1	葡萄糖	⊕	8	尿 酸	－
2	乳 糖	⊕或×	9	MR	＋
3	麦芽糖	⊕	10	V-P	－
4	蔗 糖	－或⊕	11	柠檬酸盐	－
5	甘露醇	⊕	12	明胶液化	－
6	硫化氢	－	13	氰化钾	－
7	靛基质	＋	14	硝酸盐	＋

注："⊕"产酸产气；"＋"产酸或阳性；"－"不发酵或阴性；"×"迟缓阳性。

(五)血清学试验

血清学试验可用来鉴定分离株的血清型。

在禽大肠杆菌病实验室诊断中一般只需做O抗原鉴定，鉴定方法如下：

1. 玻片凝集试验 具有简单、快速的特点。将营养琼脂斜面培养物用1mL 0.5%石炭酸生理盐水冲洗，制成浓缩菌悬液，121.3℃高压蒸汽处理2h，破坏其K抗原，冷却后取菌悬液与单价抗O血清各1滴置于洁净的玻板上混匀，1～2min内出现明显凝集颗粒者为阳性反应。同时,以菌悬液与0.5%石炭酸生理盐水混合物作对照,观察有无自凝现象。如果与某个单因子血清发生凝集时,该因子血清的抗原即为该菌的血清型。如果发生2个以上的单价凝集,则需与2个以上的单价血清做试管凝集试验测定滴度,当滴度差别明显或悬殊时,则与血清发生高滴度凝集的相应抗原即为待检菌的O抗原。

2. 试管凝集试验 将已破坏K抗原后的菌悬液稀释成10亿个/mL的浓度,然后与倍比稀释的不同滴度的血清做试管凝集试验,每管加稀释血清0.5mL,再向各试管内添加等量待检抗原,置37℃恒温箱18～20h,取出后在室温静置2 h,记录各管的反应情况,以“++”作为待检抗原的滴度终点。如果滴度达到原血清滴度的1/2时,即可做出判断。每次试验需要设3个对照:即标准抗原+阳性血清,标准抗原+阴性血清,待检抗原+生理盐水。

(六)致病性试验

将分离到的大肠杆菌接种普通肉汤培养物,37℃培养24h。经测定每毫升肉汤培养物约含1×10^{9} CFU。选取5日龄健康非免疫雏鸡20只,随机分为2组(对照组和试验组),每组10只。试验组颈部皮下注射0.2mL/只肉汤培养物。对照组颈部皮下注射灭菌肉汤。观察实验动物的发病和死亡情况,从而判断大肠杆菌是否具有致病性,及时剖检死亡鸡,分离细菌。根据死亡只数及时判断大肠杆菌毒力的强弱。

第五节 禽霍乱的实验室检测

禽霍乱又称禽巴氏杆菌病、禽出血性败血症,是由多杀性巴氏杆菌引起鸡、火鸡、鸭、鹅和鹌鹑等家禽的一种急性败血性高度接触性传染病。其特征是:急性型表现为剧烈下痢和败血症,发病率和死亡率都很高;慢性型表现为呼吸道炎、肉髯水肿和关节炎,发病率和致死率都较低。3～4 月龄的鸡和成年鸡较易感染发病。主要通过呼吸道、消化道及皮肤外伤感染发病。

一、病原学特征

多杀性巴氏杆菌为革兰氏染色阴性、无鞭毛、不形成芽孢的卵圆形短小杆菌,少数近似球形。瑞氏、美蓝或姬姆萨染色后镜检,多数呈两极染色的小杆菌。

该菌为需氧兼性厌氧菌。在普通培养基上即可生长,但不茂盛,经 37℃培养 18～24h 可见灰白色、半透明、光滑、湿润、隆起、边缘整齐的露滴状小菌落,直径 1～2mm。在血液琼脂平板上,37℃培养 24h,可见到圆形、湿润、表面光滑的露珠状小菌落。

本菌有多种血清型,可用特异的荚膜(K)抗原和菌体(O)抗原做荚膜血清型和菌体血清型鉴定。根据 K 抗原红细胞被动凝集试验,可将多杀性巴氏杆菌分为 A、B、C、D、E 共 5 个型。引起我国鸡霍乱的多杀性巴氏杆菌大部分均为 A 型,常见的血清型有 5∶A、8∶A 和 9∶A,其中,以 5∶A 最为多见。根据菌体 O 抗原类型,将本菌分为 16 个血清型,用阿拉伯数字表示。

本菌的抵抗力不强,对酸、碱及常用的消毒药很敏感。56℃ 15min、60℃ 10min 可将其杀灭,3%石炭酸、5%石灰乳、1%漂白粉、0.02%升汞作用 1min 即可杀灭本菌。

二、实验室诊断

(一)样品的采集

最急性和急性病例可采集死亡禽只的肝、脾、心血;慢性病例一般采集局部病灶组织;对不新鲜或已被污染的样品,可自骨髓中采集病料;如为活禽,可通过鼻孔挤出黏液或将棉拭子插入鼻裂中取样。

(二)组织涂片镜检

取病死禽的心血、心包液制成涂片，或剪取肝、脾等小块待检组织，切面直接触片，用瑞氏、美蓝或姬姆萨氏染色，显微镜下检查，如见到大量两极浓染的卵圆形短小杆菌；用革兰氏染色，镜检，见到革兰氏阴性、无鞭毛、无芽孢、两极浓染的小杆菌，单个或散在分布。根据流行病学、临床症状、病理剖检变化即可初步诊断。进一步的诊断须经细菌的分离培养及生化反应。

(三)分离培养

将病死鸡肝、脾、心血等分别接种于鲜血琼脂平板、血清琼脂平板、葡萄糖淀粉琼脂平板、麦康凯琼脂平板和普通肉汤。37℃培养24h。该菌在鲜血琼脂平板长出圆形、光滑、湿润、边缘整齐、突起、半透明、闪光、浅灰色或奶油色菌落，菌落周围不溶血；在血清琼脂平板上生长较好，于45°角折射光线下观察，可见菌落有彩虹色荧光；在葡萄糖淀粉琼脂平板上长出光滑、半透明、闪光、奶油状菌落；麦康凯琼脂平板上不生长；在普通肉汤中呈均匀浑浊，时间稍长，管底有灰白色絮状沉淀，轻轻摇振时，沉淀物呈絮状升起。培养物做涂片、革兰氏染色、镜检，见到呈球杆状、革兰氏阴性、无芽孢的小杆菌。也可进一步做生化试验。

(四)生化反应

挑选特征性的菌落接种到葡萄糖淀粉琼脂斜面培养18～24h，然后从斜面上挑取细菌做生化试验。发酵葡萄糖、甘露醇、蔗糖而不产生气体是多杀性巴氏杆菌的特征。该菌通常不发酵乳糖。靛基质试验阳性。多杀性巴氏杆菌具有鉴别意义的特性见表7-6。

表 7-6 多杀性巴氏杆菌与其他类似菌的特性鉴别

试验	多杀性巴氏杆菌	溶血性巴氏杆菌	鸡巴氏杆菌
溶血性	不溶血	溶　血	不溶血
麦康凯琼脂	不生长	大多数生长	不生长
靛基质试验	阳　性	阴　性	阴　性
运动力	无	无	无
氧化酶	阳　性	阳　性	阳　性
尿素酶	阳　性	阴　性	阴　性
明胶发酵	不发酵	不发酵	不发酵
葡萄糖	发酵不产气	发酵不产气	发酵不产气
乳　糖	大多不发酵	大多发酵	不发酵
蔗　糖	发酵不产气	发酵不产气	发酵不产气
麦芽糖	大多不发酵	大多不发酵	发酵不产气

(五)动物试验

取一接种环多杀性巴氏杆菌血琼脂平板培养物，混于2mL灭菌生理盐水中，分别给小白鼠皮下注射0.2mL、家兔皮下注射0.5mL或鸡胸肌内注射0.3mL，接种后24～48h即可能死亡。死后剖检，观察病理变化。同时取心血、肝、脾分别涂片，以美蓝、瑞氏染色或革兰氏染色，察看细菌的形态及染色特性，并分别取病料在血琼脂平板上划线，37℃培养24h后，观察其菌落特征及生长情况。试验结果与原病例一致，即可确诊。

(六)血清学诊断

血清学诊断对于慢性禽霍乱的诊断价值有限，对于急性霍乱的诊断几乎无用。血清学试验常用于多杀性巴氏杆菌株的抗原鉴定。琼脂凝胶沉淀试验步骤如下：

(1)抗原制备　将多杀性巴氏杆菌接种到葡萄糖淀粉琼脂培养基上培养18～24h后，刮取琼脂平皿上生长良好的菌苔，每个平皿收获的细菌悬浮于1mL含0.3%甲醛pH值7.0的0.02M磷酸盐缓冲盐水中。然后将菌液在100℃水浴中加热1h，离心(1 500 r/min)30min后，取上清液作为试验抗原。

(2)平板制备　1g琼脂＋8gNaCl＋100mL蒸馏水，水浴加温使充分溶解后，加入洁净培养皿，每皿约20mL；平置，在室温下凝固冷却。

(3)打孔加样　用直径4mm的打孔器按梅花形打孔，孔距为3～4mm。然后用16＃针头挑出孔内琼脂。将平皿底部在酒精灯火焰上微微加热，使孔底琼脂糖稍微融化。向中央孔加入待检抗原，周边孔加特异性血清。将琼脂糖平板置湿盒内，于37℃恒温箱中，24～48 h后观察结果。

(4)结果判定　待检抗原孔与相对应的16个血清型中任何一型之间出现一条沉淀线时，即可判定待检抗原的血清型。

第六节　鸭传染性浆膜炎的实验室检测

鸭传染性浆膜炎又称为鸭疫里默氏杆菌病，是鸭、鹅、火鸡和多种禽类的一种接触性传染病。该病呈急性或慢性败血症形式。临床特点是眼和鼻孔内有分泌物、绿色下痢、共济失调和抽搐。病变主要特征是纤维素性心包炎、肝周炎、气囊炎、关节炎、干酪性输卵管炎和脑膜炎。

一、病原学特征

鸭传染性浆膜炎的病原为鸭疫里默氏菌，该菌为革兰氏阴性，有荚膜、不运动、不形成芽孢的小杆菌，单个、成对或呈丝状排列。

菌体宽 0.2～0.4μm、长 1～5μm。瑞氏染色多呈两极着色，印度墨汁制片可见到荚膜。

鸭疫里默氏菌在普通琼脂培养基与麦康凯培养基上不生长，适宜的分离培养基是巧克力琼脂、血液琼脂或胰酶大豆琼脂。本菌在巧克力琼脂培养基上生长旺盛，菌落呈灰白色，半透明、圆形微凸起。初次培养常需在含 5%～10% CO_2 的条件下（或在烛缸中）培养才能分离成功。

本菌不能发酵葡萄糖和蔗糖（此有别于多杀性巴氏杆菌），不分解尿素，不产生硫化氢和靛基质，不还原硝酸盐，不能利用柠檬酸，V-P 试验、MR 试验阴性，接触酶试验阳性。

本菌根据细菌表面多糖抗原的不同，应用凝集试验和琼脂凝胶扩散试验进行血清学分型。到目前为止，已公认 21 个血清型（即 1～21）。我国至少存在 13 个血清型，即 1、2、3、4、5、6、7、8、10、11、13、14 和 15 型。各血清型之间无交叉反应（5 型除外，它能与 2 型、9 型发生微弱交叉反应）。

本菌对理化因素的抵抗力不强，于 37℃或室温下，在固体培养基上存活不超过 3～4 d，4℃条件下在肉汤培养液中可存活 2～3 周，55℃条件下培养 12～16h 即失去活力。

二、实验室诊断

（一）样品的采集

无菌采取发病鸭和死亡鸭的脑、肝脏、心血、脾脏、气囊、肺及病变中的渗出物，其中脑、肝脏和心血最适于细菌分离。

（二）涂片镜检

无菌取病死鸭的血液、肝脏或脑做涂片，进行瑞氏染色或革兰氏染色，显微镜下检查。可观察到卵圆形的革兰氏阴性短小杆菌，瑞氏染色大部分菌体呈两极着色。

(三)细菌分离培养

取病变组织接种于胰酶大豆琼脂平板(TSA)、巧克力琼脂平板、血液琼脂平板或麦康凯琼脂平板上,置于5%～10%二氧化碳培养箱中37℃培养24h。可见在胰酶大豆琼脂平板、巧克力琼脂平板上长出圆形、表面光滑、边缘整齐、稍突起,呈奶油状,直径为1～1.5mm的小菌落。在血琼脂平板长出圆形、光滑、湿润、边缘整齐、突起、透明、闪光、奶油状菌落,菌落周围不溶血;在麦康凯琼脂平板上不生长。

(四)生化试验

取24h巧克力琼脂纯培养物进行生化试验。大多数菌株不能发酵葡萄糖、乳糖、麦芽糖、甘露醇、蔗糖,V-P试验、MR试验、吲哚试验和硝酸盐还原试验均阴性,不产生硫化氢;氧化酶和过氧化氢酶试验阳性。由于本菌不同分离株的生化特性差异很大,还要进一步做血清学鉴定。

(五)血清学试验

利用凝集试验和琼脂凝胶扩散试验可用于确定血清型;利用荧光抗体技术可用于检查病鸭组织或渗出物中的鸭疫里默氏杆菌。

1. 玻片凝集试验

(1)抗原制备　取血琼脂平板培养24h的光滑型菌落接种于小牛肉汤,37℃培养6 h,取小牛肉汤培养物接种于血清琼脂平板,置密封的塑料袋内于37℃培养18 h。此培养物用于平板凝集试验抗原。

(2)操作　用接种环挑取18h的血清琼脂培养物与特异性血清在载玻片上混匀,观察是否出现凝集。从而判断待检抗原的血清型。

2. 琼脂凝胶扩散试验

(1)抗原制备　刮取血琼脂平板上培养18～24h的菌苔,每个平皿收获的细菌悬浮于 1mL 含 0.3%甲醛 pH 值 7.0 的 0.02 M 磷酸盐缓冲盐水中。然后将菌液在 100℃水浴中加热 1h,离心(1 500 r/min)30min 后,取上清液作为试验抗原。

(2)平板制备 1g 琼脂+8gNaCl+100mL 蒸馏水,水浴加温使充分熔化后,加入洁净培养皿,每皿约 20mL;平置,在室温下凝固冷却。

(3)打孔加样 用直径 4mm 的打孔器按梅花形打孔,孔距为 3~4mm。然后用 16#针头挑出孔内琼脂。将平皿底部在酒精灯火焰上微微加热,使孔底琼脂糖稍微融化封底。向中央孔加入待检抗原,周边孔加特异性血清。将琼脂糖平板置湿盒内,于 37℃恒温箱中,24~48h 后观察结果。

(4)结果判定 待检抗原孔与相对应的血清型中任何一型之间出现一条沉淀线时,即可判定待检抗原的血清型。

3. 荧光抗体技术 取病死鸭肝脏或脑组织触片,丙酮固定,然后用特异的荧光抗体染色,在荧光显微镜下检查,鸭疫里默氏杆菌呈黄绿色环状结构,菌体周边荧光着染,中央稍暗,多呈散在分布或呈短链排列。其他细菌不着色。

(六)动物试验

无菌采取纯菌落,接种于含小牛血清的肉汤培养基,37℃培养 48h。用其纯培养物腹腔内注射 6 日龄雏鸭,每只鸭 1mL,隔离饲养 48~72h。观察雏鸭的发病和死亡情况,其临床症状、病理变化及实验室检查结果与自然发病鸭相同。

第七节 传染性鼻炎的实验室检测

传染性鼻炎是由副鸡嗜血杆菌引起的一种鸡急性上呼吸道传染病,以鼻、窦黏膜及眼结膜发炎,表现流鼻液、打喷嚏、流泪及眶下窦肿胀、脸部水肿为特征。

一、病原学特征

副鸡嗜血杆菌为革兰氏染色阴性，不形成芽孢，无鞭毛，无运动性的杆菌，在病鸡鼻窦分泌物中检出的本菌呈两极染色特性。

本菌为兼性厌氧菌，在含5%～10%CO_2大气环境中易生长。对营养条件需求较高，V因子以及1.0%～1.5%氯化钠是该菌生长所必需的，有些菌株生长还要求1%的鸡血清。鲜血琼脂和巧克力琼脂可满足本菌的营养需求。在鲜血琼脂培养基上于37℃培养24h，发育成灰白色、半透明、光滑、边缘整齐、直径约0.3mm的针尖状菌落，不溶血。在普通培养基中不能生长。由于葡萄球菌在生长过程中可合成V因子，因此如果把副鸡嗜血杆菌和葡萄球菌在鲜血琼脂上交叉划线培养时，在葡萄球菌菌落附近可生长出副鸡嗜血杆菌的菌落，即所谓的“卫星菌落”。

Page用玻片凝集试验把所分离的副鸡嗜血杆菌分为A、B、C 3种血清型。我国主要流行A型。Page分型血清型与免疫特异性相符，即不同血清型的疫苗不能提供交叉保护。

本菌在离开鸡体后抵抗力非常弱。感染性排泄物悬浮在自来水中室温下4 h失活，在生理盐水中于22℃其感染性至少可保持24 h；排泄物和组织在37℃的感染性可保持24 h，4℃可保持数天。在45℃～55℃于2～10min死亡。一般消毒药均能将其杀死。

二、实验室诊断

(一)直接涂片镜检

取病鸡眶下窦或鼻窦渗出物直接涂片，革兰氏染色，显微镜下检查，可见革兰氏阴性的球杆菌，多单个存在，有时成对或短链排列，无芽孢；美蓝染色呈两极浓染。

(二)病原的分离鉴定

剖杀2～3只急性发病阶段的病鸡,烧烙位于眼下的皮肤并用无菌剪刀剪开窦腔,将无菌棉拭子插入窦腔深部旋转取样。取出棉拭子在血液琼脂平板或巧克力琼脂平板上划线接种,再用葡萄球菌在培养基上与接种物垂直划一直线。将培养皿放到带有点燃蜡烛的螺旋盖广口瓶中,旋紧螺盖,让其中的蜡烛自然熄灭,37℃培养24～48 h后。如果在葡萄球菌菌落周围有小而透明呈露滴样的小菌落,呈"卫星"样生长,距葡萄球菌越远菌落越小,这有可能是副鸡嗜血杆菌。然后,挑取单个菌落进行扩增,将纯培养物分别接种在含5%鸡血的鲜血琼脂平板和马丁肉汤琼脂平板上。若在鲜血琼脂平板上形成针尖大小、透明、露滴状、不溶血的菌落;在马丁肉汤琼脂平板上不生长。挑一菌落涂片,美蓝染色,镜检,可见呈明显两极浓染的卵圆形杆菌。基本上可以确诊。必要时可进行生化试验。

(三)生化试验

副鸡嗜血杆菌能发酵葡萄糖、麦芽糖产酸,能还原亚硝酸盐,靛基质试验、H_2S试验、尿素酶试验及明胶液化试验均为阴性。

(四)血清学诊断

常用的方法有玻片凝集试验和琼脂扩散试验。

1. 平板凝集试验

(1)用已知传染性鼻炎抗血清检验分离的被检菌

①被检抗原的制备:将分离菌的纯培养物接种于含鸡血清的肉汤中,经24 h培养后,用生理盐水离心洗涤沉淀,重复洗涤3次,使浓度达到每毫升约含60亿个细菌。

②操作:在载玻片上滴1滴传染性鼻炎抗血清和1滴生理盐水,然后向其中分别加入用被检菌制备的抗原各1滴,充分混合后,转动玻片3～5min,如果血清与被检抗原混合后出现凝集,而生理盐水与被检抗原混合后不凝集,即可判定被检抗原为副鸡嗜

血杆菌。

(2)用传染性鼻炎平板凝集抗原检查被检鸡血清中的抗体

通常鸡被感染后7～14 d血清中即可检出抗体。血清抗体检测操作如下：以无菌操作采集病鸡血清，用生理盐水5倍稀释；在洁净的玻片上分别滴加平板抗原和被检血清各1滴，充分混匀后，不断摆动，2～5min判定结果。如果出现明显的凝集，说明被检鸡为阳性。

2. 琼脂扩散试验

(1)用已知传染性鼻炎抗血清检测被检菌

①平板制备：1g琼脂+8g NaCl+100mL蒸馏水，水浴加温使充分熔化后，加入洁净培养皿，每皿约20mL；平置，在室温下凝固冷却。

②打孔加样：用直径4mm的打孔器按梅花形打孔，孔距为3～4mm。然后用16#针头挑出孔内琼脂。将平皿底部在酒精灯火焰上微微加热，使孔底琼脂糖稍微融化封底。向中央孔加入传染性鼻炎抗血清，周边孔加待检抗原。将琼脂糖平板置湿盒内，于37℃恒温箱中，24～48 h后观察结果。

③结果判定：待检抗原孔与传染性鼻炎抗血清孔之间出现淀线时，即可判定待检抗原为副鸡嗜血杆菌。

(2)检测抗体　用已知的传染性鼻炎琼扩抗原检测被检血清中的抗体

①平板制备与打孔如上所述。

②加样：向中央孔加入已知传染性鼻炎琼扩抗原，周边孔加阳性血清、阴性血清和待检血清。将琼脂糖平板置湿盒内，于37℃恒温箱中，24～48 h后观察结果。

③结果判定：在中央抗原孔与阳性血清之间出现沉淀线，而与阴性血清之间不出现沉淀线；抗原孔与待检血清之间出现沉淀线，并与阳性血清间沉淀线融合即可判定待检血清为阳性。

(五)动物试验

取病鸡的窦分泌物或培养物，接种于健康鸡的眶下窦内，在2d后出现鼻炎和面部肿胀等症状。如果接种材料含菌量少，则其潜伏期可延长至7d。

第八节　鸡葡萄球菌病的实验室检测

鸡葡萄球菌病是由金黄色葡萄球菌引起鸡的急性败血性或慢性传染病。主要表现为急性败血症、关节炎、皮肤溃烂及雏鸡脐炎等。

一、病原学特征

葡萄球菌为圆形或卵圆形，常单个、成对或葡萄状排列，革兰氏染色阳性，无鞭毛，无荚膜，不产生芽孢。

金黄色葡萄球菌属微球菌科、葡萄球菌属。在固体培养基上培养的细菌呈葡萄串状排列，在液体培养基中可能呈短链状，培养物超过24h，革兰氏染色可能呈阴性。

金黄色葡萄球菌是兼性厌氧菌，对营养物质要求不高，在普通营养琼脂培养基上生长良好，37℃培养24 h，形成圆形、光滑的菌落，直径1～3mm；菌落初呈灰白色，继而为金黄色。在血液琼脂平板上生长的菌落较大，有些菌株菌落周围出现β溶血环，产生溶血环的菌株多为致病菌株。

本菌的生化反应不恒定。多数能发酵葡萄糖、麦芽糖、乳糖和蔗糖，产酸不产气；致病菌株能分解甘露醇，产酸；能还原硝酸盐；不产生靛基质；凝固酶阳性；过氧化氢酶阳性；V-P试验阳性。

本菌对热、消毒药等理化因素抵抗力较强，并可耐高渗。80℃经30min才能致死，煮沸可迅速死亡。以石炭酸消毒效果较好，3%～5%石炭酸10～15min，70%乙醇数分钟可杀死本菌，0.3%过氧乙酸也有较好的消毒效果。

二、实验室诊断

(一)样品的采集

根据不同的病型采取不同的病料,常无菌采集皮下渗出液、血液、肝脏、脾、关节腔渗出液、脐炎部、眼分泌物等。

(二)直接涂片镜检

取病料直接涂片,革兰氏染色,显微镜下检查,可见到革兰氏阳性球菌,单个、成双或葡萄状排列。根据其形态、排列和染色特征,可做出初步诊断。必要时进行细菌分离培养鉴定。

(三)细菌分离培养

无污染的病料无菌划线接种于普通琼脂平板或含5%绵羊血的血液琼脂平板上;对已污染的病料同时接种于7.5%氯化钠甘露醇琼脂平板(组成及制法:牛肉膏1.0g、蛋白胨10.0g、甘露醇10.0g、氯化钠75.0g、琼脂15.0g、蒸馏水1 000.0mL、0.4%酚红6.0mL,pH值7.4。除酚红外将上述各成分加热溶解,校正pH值,加入酚红液,分装,115℃灭菌15min)。置于37℃恒温箱中培养24 h后,再置室温下48 h。在普通琼脂平板上培养24h,长出表面光滑、边缘整齐、稍隆起、不透明、金黄色的圆形菌落;在血液琼脂平板上,形成光滑、湿润、边缘整齐、隆起的圆形菌落,开始颜色呈灰黄白色,随着时间延长变成金黄色,在菌落周围形成明显的β溶血环;在高盐甘露醇琼脂平板上见菌落周围有黄色晕带。挑取典型菌落,涂片,革兰氏染色,显微镜下检查,可见到革兰氏阳性球菌,呈葡萄串状排列。

(四)生化试验

取纯培养物进行生化特性检查。金黄色葡萄球菌能发酵葡萄糖、甘露醇、蔗糖,产酸不产气;能液化明胶;从临床病料中分离的凝固酶阳性株有致病性并产生β溶血;过氧化氢酶阳性。

(五)血浆凝固酶试验

自健康家兔心脏采血 10mL,注入盛有 1mL 5%柠檬酸钠的试管中,混合后置冰箱中,待血细胞下沉后分离血浆。然后将血浆用生理盐水稀释 4 倍,以无菌操作分装小试管,每管 0.5mL。取可疑菌落的肉汤培养物 0.1mL 混入血浆中,经 37℃培养 5 h,每小时观察 1 次,一般在 3～4 h 出现血浆凝固。

(六)动物试验

取血琼脂培养基上长出的典型菌落,接种于普通肉汤培养基中,37℃培养 24 h。取 1mL 肉汤培养物经胸肌接种于 40～50 日龄健康鸡,经 24 h 可见注射部位出现炎性肿胀,破溃后流出大量污秽、紫黑色的渗出液,最早可于 24 h 死亡,最晚可到 5 d 后死亡。取死亡鸡的病料接种于血琼脂平板上可复制出本菌。

第九节　鸡绿脓杆菌病的实验室检测

鸡绿脓杆菌病是由绿脓假单胞杆菌引起的,主要发生于雏鸡的一种败血性疾病。其特征是发病急、关节炎和眼炎。

一、病原学特征

铜绿假单胞菌属假单胞菌科、假单胞菌属。革兰氏染色阴性,两端钝圆的短小杆菌,单个或成双排列,偶见短链;能运动,菌体一端有 1 根鞭毛。细菌在培养基上生长时可产生绿脓素和荧光素。

本菌在普通培养基上生长良好,形成的菌落为圆形、隆起、湿润黏稠,多数边缘整齐,淡绿色,有芳香气味。在普通肉汤培养基中培养 24 h 呈浑浊状态,继续培养至 72 h 产生菌膜,培养液呈蓝绿色黏稠状。在麦康凯培养基上生长良好,培养基呈淡暗绿色,菌落不变红。三糖铁培养基中不产生硫化氢,且底部不变黄。

该菌能分解葡萄糖,产酸不产气;不分解麦芽糖、乳糖及蔗糖;

不产生靛基质，不产生硫化氢；MR 试验和 V-P 试验均为阴性；可还原硝酸盐；氧化酶试验阳性；可液化明胶。

本菌对热抵抗力不强，56℃经 30min 可灭活，干燥条件下 2～3d 死亡，潮湿环境中存活 2～3 周。1%石炭酸、5%来苏儿处理 5min 可将其杀死。

二、实验室诊断

(一)样品的采集

无菌采取病死鸡的心血、肝、脾、肺及胸腹部皮下水肿液、死胚及卵黄囊内容物作为被检材料，4℃冰箱中保存备用。

(二)细菌分离培养

无菌操作将病料划线接种于营养琼脂平板、血液琼脂平板和麦康凯平板上，置于 37℃恒温箱中，培养 18～24 h。如果在普通营养琼脂平板上，形成圆形、光滑、湿润、稍隆起、边缘整齐或波状、中等大小、带绿色的菌落，培养基也显绿色，并有独特的气味；在血液琼脂培养基上形成β溶血环、菌落较大、不规则、灰绿色、中心较暗、具有生姜气味；在麦康凯培养基上，形成无色、半透明、大头针顶大的圆形菌落。即可初步诊断为绿脓杆菌。

(三)细菌形态观察

取可疑菌纯培养物进行涂片，革兰氏染色，在油镜下观察细菌的形态及染色特性。可见到单在、成对或偶尔呈短链排列的革兰氏阴性小杆菌，即可判断。

(四)生化试验

取纯培养物分别接种于葡萄糖、麦芽糖、乳糖、蔗糖等生化管中，置于 37℃恒温箱中，培养 24 h。绿脓杆菌能分解葡萄糖，产酸不产气；不分解麦芽糖、乳糖及蔗糖。取纯培养物分别做 MR 试验、V-P 试验、硫化氢试验和靛基质试验。绿脓杆菌 MR 试验和 V-P 试验均为阴性；不产生靛基质和硫化氢。取一小块白色洁净滤纸片，以灭菌玻璃棒蘸取可疑菌纯培养物涂于其上，随即滴加1滴新配制的1%盐酸二甲基对苯二胺试剂，30 s内滤纸片上培养物呈现粉红色逐渐变为紫红色，即氧化酶试验阳性。

(五)动物接种试验

取24 h肉汤纯培养物，腹腔接种健康雏鸡，每只0.2mL，并设立对照组。从死亡的试验鸡的心、肝、脾等脏器中可分离到绿脓杆菌，即可确诊。

第十节　鸡坏死性肠炎的实验室检测

鸡坏死性肠炎又称肠毒血症，是由A型或C型魏氏梭菌引起鸡的一种急性传染病。主要表现为病鸡排出红褐色乃至黑褐色煤焦油样稀便，以及小肠后段(空场和回肠)肠黏膜坏死。

一、病原学特征

魏氏梭菌菌体为直杆状、两端钝圆的大杆菌，单个或成对，革兰氏染色阳性，无鞭毛，不能运动。可形成芽孢，大而卵圆，位于菌体中央或近端，但在一般条件下罕见形成芽孢。多数菌株在动物体内可形成荚膜。

该菌为厌氧菌，对营养要求不苛刻，在普通琼脂培养基上可以生长，若加入葡萄糖、血液，则生长更好。在血液琼脂培养基上形成圆形、光滑、隆起的大菌落，表面有辐射状条纹，呈现双重溶血环，内环清晰透明完全溶血，外环呈淡绿色不完全溶血。本菌最突出的生化特征是对牛乳培养基的“暴烈发酵”。

二、实验室诊断

(一)样品的采集

分离本菌，可自死后不久或发病鸡的嗉囊、十二指肠、小肠后段及盲肠分别采取 1g 以上的内容物，做厌氧培养。

（二）直接涂片镜检

取新鲜病死鸡肠黏膜刮取物涂片或肝脏触片，革兰氏染色，镜下可看到大量的革兰氏阳性，两端钝圆的粗大杆菌，呈单个或成对排列，着色均匀有荚膜。

（三）细菌分离培养

刮取肠壁内容物划线接种于血液琼脂平板上，37℃厌氧培养 24 h，如果在血液琼脂平板长成灰白色、半透明、表面湿润光滑、有两层溶血环、直径 2～4mm 大小不等的菌落。挑取典型菌落接种在牛奶培养基，培养 8～10h 后，如果见到奶中酪蛋白凝固，同时产生大量气体，气体穿过凝固的酪蛋白，使之变成海绵状，可做出快速诊断。挑取菌落涂片、染色、镜检，可见大量革兰氏阳性、两端钝圆、均匀一致的粗大杆菌、有荚膜、有的有芽孢，即可确诊。

（四）生化试验

取纯培养物做生化实验，魏氏梭菌能发酵葡萄糖、麦芽糖、乳糖和蔗糖，不发酵甘露醇；能液化明胶，石蕊牛乳阳性，吲哚阴性，可产生 H_2S。

（五）血清学试验

根据魏氏梭菌产生的毒素及对动物病原性的特点，可将本菌分为 A 型、B 型、C 型、D 型、E 型、F 型 6 型。对禽致病的主要是 A 型和 C 型，而由其所产生的 α 和 β 毒素被认为是引起感染鸡肠黏膜坏死的直接原因。A 型和 C 型，两者形态相同，生长性状类似，其主要区别是毒素性状、免疫属性及致病作用的不同。而抗毒素中和试验是鉴定产毒菌株种的最准确依据。

1. 毒素测定　取小肠后部内容物滤液或培养 24 h 的肉汤滤液 2 份，1 份 70℃加热 30min，1 份不加热，同时给小白鼠尾静脉注射，每只 0.2～0.5mL。如果注射加热培养肉汤滤液的小白鼠健活，而注射不加热培养肉汤滤液的小白鼠死亡，则证明有毒素存在。将死亡的小白鼠放在37℃恒温箱中，经过4～5 h，剖检可见到泡沫肝。

2. 毒素中和试验 将分离的细菌接种于含1%葡萄糖的热疱肉培养管内，在37℃恒温箱中培养5～6 h。细菌生长迅速并产生大量的毒素。将培养物离心取上清液，分别加到3支试管中，每管1.2mL。第1管内加0.3mL A型魏氏梭菌抗血清；第2管内加0.3mL C型魏氏菌梭抗血清；第3管内加0.3mL健康马抗血清。混匀后置室温下作用30min。每管腹腔注射2只小白鼠，每只0.5mL，观察24 h。如果所有小白鼠健活，说明菌株均为非毒素原性的；如果接种加有A型和C型抗毒素的小白鼠健活，说明菌株均为A型毒素原性菌株；如果接种加有C型抗毒素的小白鼠健活，说明菌株均为C型毒素原性菌株(表7-7)。

表7-7 魏氏梭菌毒素型的测定

毒素型	血清型			
	A	B	C	D
A	+	+	+	+
B	−	+	+	−
C	−	+	+	−
D	−	+	−	+

注："+"表示中和，小白鼠存活；"−"表示不能中和，小白鼠死亡。

(六)动物接种试验

用肠内容物的纯培养物腹腔接种小鼠0.5mL，18～24 h内可致死小鼠，病变与自然病例相同。用同样的方法接种鸡，可见出现黑色或黑红色粪便，但不能致死，剖杀后可见小肠下1/3处有轻度病变，肠内容物涂片可见大量均一的革兰氏阳性粗大杆菌。

第十一节　禽链球菌病的实验室检测

禽链球菌病是由非化脓性链球菌引起的一种急性败血症或慢性细菌性传染病。雏禽和成年禽均可感染，该病的特征是病禽昏睡，持续性下痢，跛行和瘫痪，或有神经症状。

一、病原学特征

引起禽链球菌病的病原为禽链球菌，通常为兰氏血清群C群和D群的链球菌引起。链球菌为圆形的球状细菌，革兰氏染色阳性，老龄培养物有时呈阴性，不形成芽孢，不能运动，单个、成对或短链存在。

本菌为兼性厌氧，在普通琼脂培养基上生长不良，在含有血液或血清的培养基上生长较好。最适生长温度为37℃，pH值7.4～7.6。在血液琼脂培养基上生长成无色、透明、圆形、光滑、隆起的露滴状小菌落。

二、实验室诊断

(一)样品的采集

无菌采取病死禽的肝、脾、血液、皮下渗出液、关节液等可疑病变材料。取样后，立即划线接种于血琼脂平板上进行培养可获得最佳效果。若拭子样品超过2h未培养，可在肉汤中孵育2～4h后，再在血琼脂平板上划线培养。如果想提高菌数，可在营养肉汤中培养过夜后再划线接种于血琼脂平板上。

(二)直接涂片镜检

将新鲜病料直接涂片，用革兰氏染色或碱性美蓝染色，镜检可见到单个散在、成对或6～8个菌体排列成短链状、不运动、无芽孢的革兰氏阳性球菌。可初步诊断为链球菌病。

(三)分离培养

将脓汁或其他病变组织划线接种于血液琼脂平板上;已干涸的病料棉拭子,在肉汤中孵育 2～4 h 后,再划线接种于血琼脂平板上,37℃条件下培养 24～48 h。在血液琼脂培养基上可见到无色透明、圆形、光滑、隆起、露珠状的小菌落。C 群兽疫链球菌产生 β 型溶血(菌落周围形成无色透明溶血环);D 群链球菌呈 α 型溶血(菌落周围有绿色溶血环)或 γ 溶血(不产生溶血素,菌落周围无溶血现象)。挑取典型菌落涂片,革兰氏染色,镜检,可见到典型的革兰氏阳性球菌。经数日培养的老龄菌可染成革兰氏阴性。

(四)生化试验

将 24 h 肉汤培养物接种于微量生化发酵管和麦康凯琼脂平板上,置 37℃培养 24～48 h。根据糖发酵情况和在麦康凯琼脂培养基上的生长情况可区别兰氏 D 血清群和兽疫链球菌。禽源链球菌可发酵甘露醇、山梨醇和阿拉伯糖,产酸不产气。兽疫链球菌和粪链球菌的生化特性见表 7-8。

表 7-8 兽疫链球菌和粪链球菌的生化特性

菌种	抗原血清	甘露醇发酵	山梨醇发酵	阿拉伯糖发酵	麦康凯	溶血
禽链球菌	D	+	+	+	+	α/γ
坚韧链球菌	D	−	−	−	+	α/γ
粪链球菌	D	+	+	−	+	α/γ
粪便链球菌	D	+	−	+	+	α/γ
兽疫链球菌	C	×	+	×	−	β

注:“×”表示不用于兽疫链球菌鉴别。

(五)动物接种试验

取分离菌肉汤培养物腹腔接种健康家兔 6 只，0.3mL/只，12～30h 发病死亡，剖检可见出血性败血症变化，死后采心血、腹水、肝、脾抹片镜检，均见有大量单个、成对或 3～5 个菌体相连的革兰氏阳性球菌。

(六)血清型试验

利用玻片凝集试验可将溶血性链球菌分型。将分离菌株制成均匀的混悬液，再与标准血清进行凝集反应，根据反应是否出现凝集现象判定结果。

第十二节 禽弯曲杆菌性肝炎的实验室检测

禽弯曲杆菌性肝炎又称禽弧菌性肝炎，是由弯曲杆菌属的嗜热弯曲杆菌(主要为空肠弯曲杆菌)引起鸡的一种急性或慢性传染病。以肝脏出血、坏死性肝炎并伴有脂肪浸润，发病率高，死亡率低，产蛋下降，日渐消瘦，腹泻和慢性经过为特征。

一、病原学特征

嗜热弯曲杆菌分为空肠弯曲杆菌、结肠弯曲杆菌和鸥弯曲杆菌。其中空肠弯曲杆菌是从禽类分离出来的最常见的一种；结肠弯曲杆菌可从禽类肠道及禽类肉品中分离到；鸥弯曲杆菌主要从野生的海鸟分离到。

嗜热弯曲杆菌为纤细、螺旋状、S 形、逗点状等多形态，并具有多个弯曲。菌体两端有单鞭毛，呈特征性的螺旋状运动，革兰氏染色阴性。

该菌为微嗜氧菌。在含 5%氧气、10%二氧化碳和 85%氮气的环境下生长良好。最适合生长温度为 43℃，最低生长温度为

37℃,最适生长 pH 值为 7.2。本菌对营养物质要求高,常用的培养基有 10%马血琼脂培养基、20%鸡血清肉汤。培养 24 h 后才可观察到细小、圆形、半透明或灰色的菌落。菌落在血液琼脂培养基上不溶血。

由于本菌对氧敏感,故在外界环境中很易死亡。对干燥抵抗力弱。对酸和热敏感,pH 值 2～3 经 5min,58℃ 5min 可杀死本菌。本菌对常用消毒药敏感。

二、实验室诊断

(一)样品的采集

分离弯曲杆菌最好的病料是胆汁,可用灭菌的注射器无菌抽取胆汁;也可无菌采取肝、脾、肾、心、心包液及盲肠内容物进行病原分离。由于弯曲杆菌对干燥敏感,在送检时要特别小心。此外,可将送检病料用杆菌肽或多黏菌素 B 处理,以防污染。

(二)分离培养及形态镜检

将病料接种于 10%马血清琼脂平板上,将接种好的平板放在塑料袋中,充入含 5%氧气、10%二氧化碳和 85%氮气的混合气体,在 43℃条件下培养 24 h。如见到细小、圆形、半透明或灰色的菌落;挑取单个菌落,革兰氏染色镜检,如见到螺旋状的杆菌,呈“S”形、弧形或海鸥展翅形、革兰氏染色阴性,即可确诊。也可将病料组织匀浆液接种于 5～8 日龄鸡胚卵黄囊或尿囊腔,鸡胚接种后 3～5 d 死亡,收集死亡鸡胚的卵黄、尿囊液,涂片、染色、镜检,可分离到弯曲杆菌。死胚表现为血管充血和肝脏的局灶性变性。

(三)生化特性

利用分离菌的纯培养物做生化试验,该菌能还原亚硝酸盐,氧化酶、接触酶试验阳性,不产生吲哚。根据对萘啶酮酸的敏感性和对马尿酸盐的水解特性可区别空肠弯曲杆菌、结肠弯曲杆菌和鸥弯曲杆菌,见表 7-9。

表 7-9　空肠弯曲杆菌、结肠弯曲杆菌和鸥弯曲杆菌生化特性

菌　种	在 25℃生长	在 42℃生长	萘啶酮酸敏感性	水解马尿酸盐
空肠弯曲杆菌	－	＋	敏　感	＋
结肠弯曲杆菌	＋	＋	敏　感	－
鸥弯曲杆菌	－	－	不敏感	－

第八章　家禽常见病毒病的实验室检测

第一节　新城疫的实验室检测

新城疫(ND)是由新城疫病毒引起禽的一种急性、热性、败血性和高度接触性传染病。以高热、呼吸困难、下痢、神经紊乱和腺胃乳头出血为特征。

一、病原学特征

鸡新城疫的病原体是副黏病毒科、腮腺炎病毒属的新城疫病毒。成熟的病毒粒子一般为圆形，直径为100～300nm，病毒有囊膜，在囊膜外有大约8nm的纤突。病毒的基因为不分节段的单股负链RNA病毒。

该病毒能在鸡胚内良好生长，接种9～11日龄鸡胚绒毛尿囊膜或尿囊腔，强毒株能在36～72h使鸡胚死亡，弱毒株在1周左右死亡，死亡的鸡胚全身充血、出血，头部和足趾部更明显，胚液内含有大量病毒。鸡新城疫病毒还能在鸡胚成纤维细胞上增殖，并能产生明显的细胞病变，可用以分离、增殖和鉴定病毒。

该病毒能凝集鸡、人和豚鼠等多种动物的红细胞，这种凝集红细胞的能力可被特异的免疫血清所抑制，其凝集作用具有特异性。因此临床上可用凝集试验和凝集抑制试验鉴定病毒和进行免疫检测。

鸡新城疫病毒对各种理化因素抵抗力较强，对热抵抗力弱，太阳直晒30min死亡，加热60℃经30min、70℃ 2min、100℃ 1min

即被杀死，在37℃可存活7～9d，30℃～32℃可存活21～30d，在腐败的尸体、粪便及黏液中可存活14d，在冷冻鸡体内可存活3年之久，在低温条件下可长时间保存。本病毒对常用消毒药敏感，1%来苏儿、0.3%过氧乙酸、2%氢氧化钠、5%漂白粉、70%乙醇20min即可将病毒杀灭。

二、实验室诊断

（一）病料采集与处理

病禽出现症状后，大多数器官和分泌物中均含有病毒，作为分离病毒的材料要求新鲜，最好选发病初期的病鸡脾、肺和脑；发病中后期取脑、骨髓作为分离病毒的材料，经充分研磨用灭菌生理盐水或PBS液作1∶5～1∶10稀释，3 000r/min离心20min后取上清液，每毫升上清液分别加入1 000IU青霉素和链霉素。置4℃冰箱中作用4～6 h后，作为接种材料。

（二）病毒的分离

1. 鸡胚接种　选取无母源抗体的9～11日龄的鸡胚，每胚经尿囊腔接种0.1mL接种材料，然后放入37℃恒温箱中继续孵育，每天照蛋1次（孵化72 h后每天照蛋3次），24 h内死亡鸡胚弃去不用。以后死亡胚放入4℃冰箱保存，培养到96～120 h，终止培养，放入4℃冰箱中，冷冻后吸取尿囊液供作病毒鉴定。由新城疫病毒致死的鸡胚，胚体全身充血、出血，以头、翅和趾部尤为明显。

2. 细胞培养　上述病料还可以接种到鸡胚成纤维细胞培养上，若是新城疫病毒，感染细胞呈融合性病变，此时红细胞凝集反应阳性。

（三）病原鉴定

1. 血凝与血凝抑制试验　最常用于新城疫病毒的鉴定及血清中新城疫抗体的检测。

采取尿囊液进行红细胞凝集试验，若能凝集鸡的红细胞，该病毒有可能是新城疫病毒，但仅凭红细胞凝集还不能确定为鸡新城疫病毒，因为禽流感病毒、禽腺病毒等都能凝集禽类红细胞。因此，要想确定分离的病毒是新城疫病毒，必须与已知抗新城疫病毒的血清进行血凝抑制试验。如果所分离的病毒能被这种特异性抗体所抑制，才能证明该病毒是新城疫病毒。

血凝抑制试验除可用于病毒鉴定外，还可利用鸡新城疫病毒来鉴定感染鸡群中是否有抑制红细胞凝集的抗体，从而判定该鸡群是否患新城疫。鸡群感染新城疫 10～15d 后，血清抗体水平明显提高，利用血凝抑制测定，比较鸡群发病前后血凝抑制抗体效价的变化，就可认定该鸡群是否有鸡新城疫病毒感染。如发病前抗体效价为 1∶32～64，发病后检测(10～15 d)抗体效价达 1∶512～1 064，即可判断鸡群感染新城疫病毒。

2. 血清中和试验 在鸡新城疫免疫血清中加入一定量的待检病毒，两者混合后，注射 9～10 日龄鸡胚(非免疫鸡所产蛋)，或鸡胚成纤维细胞或易感鸡，并设不加血清的病毒对照。结果注射血清和病毒混合材料的鸡胚或鸡不死亡，鸡胚成纤维细胞无病变；而对照组鸡胚或鸡死亡，鸡胚成纤维细胞出现病变，则可肯定待检病毒为鸡新城疫病毒。

3. 荧光抗体技术 采取病死鸡脾、肺或肝脏，按常规方法用冷冻切片制成标本，然后将新城疫荧光抗体稀释成一定工作浓度，滴加在经固定的切片标本上，在 37℃染色 30min，取出立即用 pH 值 8.0 PBS 反复洗 3 次，然后滴加 0.1%伊文思蓝，作用 2～3s 后，再用 PBS 冲洗；然后用 9∶1 缓冲甘油封固，镜检。在荧光显微镜下见荧光者为鸡新城疫病毒所在部位。

4. 其他血清学试验 琼脂扩散试验以及酶联免疫吸附试验、单克隆抗体法等，已在国内有条件的单位应用。

5. 动物回归试验 选用健康未感染新城疫病毒的 10～11 日龄雏鸡，用上述分离病毒 1∶10 稀释，每只雏鸡肌内注射 0.1～

0.2mL。试验鸡精神委顿，嗉囊胀满积液，排出黄白色稀便，第4～5d死亡，剖检见腺胃乳头有出血点，肠道黏膜出血。

第二节　禽流感的实验室检测

禽流感(AI)曾被称为欧洲鸡瘟、真性鸡瘟或鸡瘟，是由A型流感病毒引起的一种禽类烈性传染病。高致病性禽流感常以突然死亡和高死亡率为主要特征。少数高致病性毒株(H_5N_1)可感染人并有致死的事例。

一、病原学特征

禽流感的病原是A型流感病毒(AIV)，属于RNA病毒的正黏病毒科、流感病毒属。病毒一般为球形，直径为80～120nm，但也常有同样直径的丝状形态，长短不一。病毒表面有囊膜，其上镶嵌着两种重要的纤突，并突出于囊膜表面。这两种纤突分别为血凝素(HA)和神经氨酸酶(NA)。病毒的基因组为分节段单股负链RNA。依据其外膜血凝素和神经氨酸酶蛋白抗原性的不同，目前可分为16种H亚型和10种N亚型。

病毒具有血凝性，不仅能凝集鸡、鸭、鹅的红细胞，而且还可以凝集新城疫病毒不能凝集的马属动物及羊的红细胞，依此可初步区别于新城疫病毒。病毒凝集红细胞的能力可被特异的免疫血清所抑制，临床上可以用血凝和血凝抑制试验鉴定病毒和进行免疫检测。

病毒可在鸡胚中增殖，并引起鸡胚死亡，值得注意的是高致病力的毒株可在接种后20 h左右致死鸡胚。死胚尿囊液中含有病毒，根据鸡胚尿囊液的血凝试验和血凝抑制试验可鉴定病毒。

禽流感病毒对乙醚、氯仿、丙酮等有机溶剂均敏感。常用消毒药容易将其灭活，如氧化剂、稀酸、十二烷基硫酸钠、卤素化合物

(如漂白粉和碘剂)等都能迅速破坏其传染性。该病毒对热比较敏感,65℃加热 30min 或煮沸(100℃)2min 以上可灭活。病毒在粪便中可存活 1 周,在水中可存活 1 个月,在 pH 值<4.1 的条件下也具有存活能力。病毒对低温抵抗力较强,在有甘油保护的情况下可保持活力 1 年以上。对冻融作用较稳定,但反复冻融的次数过多,也易使病毒灭活。病毒在直射阳光下 40～48 h 即可灭活,如果用紫外线直接照射,可迅速破坏其传染性。

二、实验室诊断

(一)病料采集与处理

死禽采集气管、脾、肺、肝、肾和脑等组织样品;活禽病料应包括气管或泄殖腔拭子,尤其以采集气管拭子更好;小珍禽用拭子取样易造成损失,可采集新鲜粪便。用灭菌棉拭子擦拭气管分泌物,放入加抗生素的无菌肉汤或 20%～50%甘油生理盐水中,然后以 3 000r/min 离心 20min,取上清液经 0.22～0.45μm 的微孔滤膜过滤除菌,滤液备用。器官组织样品需先用灭菌的乳钵磨碎,用灭菌生理盐水或 PBS 液做 1∶5～1∶10 稀释,样品液经 3 000r/min,离心 10min,按每毫升上清液加入 1 000IU 青霉素和链霉素,置 4℃冰箱中作用 4～6 h 后,作为接种材料。

(二)病毒的分离、鉴定

选无母源抗体的 9～11 日龄的鸡胚,每胚经尿囊腔接种 0.1mL 接种材料,然后放入 37℃恒温箱中培养,每天照蛋 1 次(孵化 72 h 后每天照蛋 3 次),24 h 内死亡胚弃去不用。收集 48～96 h 尿囊液做无菌检查,检查鸡胚尿囊液对红细胞的凝集活性,血凝阴性者,用尿囊液盲传 2～5 代,如仍未出现血凝时,判为阴性。如出现血凝活性则进一步检查。

一般来说,如果样品中有病毒存在,初次传代后就足以产生红细胞凝集作用。

确定尿囊液的血凝活性后，还要鉴别是否由副黏病毒鸡新城疫病毒(NDV)所致。因此，首先要用ND抗血清做血凝抑制试验(HI)，如果血凝抑制试验为阴性，则可以排除鸡新城疫病毒的可能性，可以进行下一步工作。可用具有血凝性鸡胚的绒毛尿囊膜制成抗原，与A型禽流感病毒标准阳性血清进行琼脂扩散试验，检查样品中是否含有A型流感病毒。

1. 抗原制备 从具有血凝活性的鸡胚中取出绒毛尿囊膜，用pH值7.2的PBS冲洗后，将绒毛尿囊膜用研磨器磨碎。磨碎的抗原反复冻融3～4次，以1 000r/min离心10min后取上清液，按终浓度为0.1%的量加入甲醛溶液。置37℃恒温箱灭活36 h，做灭活检验后即可作为琼脂扩散试验用抗原，用禽流感标准阳性血清进行特异性鉴定，若被检样品与标准阳性血清之间出现清晰的沉淀线即可判定样品中含有A型禽流感病毒。

2. 琼脂扩散试验方法 按照双向双琼脂扩散的操作，用打孔器打成中央1个孔、外周6个孔的梅花形图案。中央孔加AI标准阳性血清，周围孔加入被检抗原，如果标准阳性血清与被检的抗原孔之间，有明显沉淀线者判为阳性。

3. 血凝素亚型鉴定 鸡胚尿囊液证明含有A型流感病毒存在后，采用HI试验方法，用禽流感病毒16种血凝素亚型分型血清做血凝抑制试验，对样品进行病毒亚型鉴定。血凝素亚型鉴定要求有全套的禽流感病毒血凝素分型血清，一般在国家制定的实验室进行。

4. 其他血清学方法 免疫荧光技术，常用直接荧光抗体法，即在组织触片上滴加禽流感荧光抗体直接染色，以荧光显微镜检查荧光，一种AIV的荧光抗体可以用来检查同亚型的病毒。另外还有酶联免疫吸附试验(ELISA)以及聚合酶链式反应(PCR)用来检测病料的AIV。

第三节　鸡传染性支气管炎的实验室检测

鸡传染性支气管炎(IB)是由鸡传染性支气管炎病毒(IBV)引起鸡的一种急性、高度接触性呼吸道疾病,其特征是病鸡咳嗽、打喷嚏,气管发生啰音,雏鸡流鼻液,产蛋鸡产蛋量减少和质量下降;肾型病鸡肾肿大、苍白,有大量尿酸盐沉积等。

一、病原学特征

鸡传染性支气管炎病毒是冠状病毒科带囊膜单股 RNA 病毒,其核酸呈螺旋对称性。电镜观察病毒粒子略呈球形,有囊膜,囊膜上有许多梨状纤突,纤突长约 20nm,末端呈球形,纤突间有较宽的间隙,形成规则排列,宛如皇冠状。直接从鸡体分离的病毒,纤突较齐全,而在体外传代的毒株往往部分缺失。

鸡传染性支气管炎病毒容易发生变异,有多种不同的血清型,不同血清型之间没有或仅有部分交叉免疫力。病毒对外界环境抵抗力不强,56℃经 15～30min 可被灭活。一般的消毒药,如 1%煤酚、0.1%高锰酸钾、70%酒精和 1%甲醛均可在室温条件下几分钟内杀灭病毒。

未经处理的 IBV 不能凝集鸡红细胞,但是鸡尿囊液中的病毒以 1%胰蛋白酶在 37℃处理 3 h 后,则能凝集鸡的红细胞。IBV 能够干扰新城疫病毒 B_1 株在鸡胚的繁殖,而脑脊髓炎病毒则又能干扰鸡传染性支气管炎病毒在鸡胚内的增殖。

二、实验室诊断

(一)病料采集和处理

肺、气管和支气管是病毒增殖的最初部位,是分离传染性支气管炎病毒的适宜材料，但在感染后10～14d，就不易从这些部位分离获得病毒(少数带毒鸡可能带毒1个月以上)。在感染初期分离病毒，应取气管拭子，浸泡于每毫升含有1 000IU青霉素和1 000μg链霉素的2mL肉汤或pH值7.2缓冲盐水中，即可用于病毒分离。有肾病变的病例，分离病毒时还应包括肾脏。组织应无菌采取肺、肾，用玻璃研磨器或乳钵磨成匀浆，用含有抗生素(每毫升含有1 000IU青霉素和1 000μg链霉素)pH值7.2的缓冲盐水制成10%乳剂。经2 000r/min离心10min，其上清液可用于病毒分离。

(二)病毒分离

传染性支气管炎病毒可在鸡胚、气管组织和鸡肾细胞培养中生长，初次分离最好在鸡胚中进行。用9～11日龄的SPF鸡胚，经尿囊腔内接种0.2mL上述制备的上清液。每日照蛋1次，24h内死亡者废弃，2～7d死亡的鸡胚可能为病毒致死。接种48h后，从孵化器取出5个胚，置4℃冰箱中过夜后收获尿囊液(作为盲传代第1代)，并接种另一组新的鸡胚，剩下的鸡胚则继续孵育7d，检查传染性气管炎的典型病变。这样，至少盲传3代。最后1次传代后，在第7天时打开鸡胚进行检查，与同日龄的鸡胚做比较检查。最初几代鸡胚极少发生变化，随着传代次数的增加，鸡胚病变明显。如果鸡胚有下述的一部分或全部病灶，则可认为已分离出传染性支气管炎病毒：胚蜷缩，脚压在头部以上。矮小，胚可能只有正常胚的1/3大小。羊膜水肿增厚，紧贴鸡胚。羽毛发育不正常或杆状羽毛。肾脏肿大且有尿酸盐沉着。

(三)病毒鉴定

分离出的病毒接种鸡胚后，如能产生上述的传染性支气管炎典型病灶，则可认为分离的病毒可能属于传染性支气管炎病毒。

将可疑为IBV的尿囊液接种9～11日龄鸡胚，10h后再接种NDV-B_1弱毒，再过36h便收集尿囊液，检测其对红细胞的凝集作用(HA)，并与只接种NDV-B_1弱毒的尿囊液的HA滴价比较。如果前者 HA 滴价小于 20，而后者大于 40，则可认为有干扰作用，分离物基本可以确定为传染性支气管炎病毒。

取初代鸡胚尿囊液，经气管接种易感雏鸡，如胚尿囊液中含有 IBV，则在接种后 18～36 h 雏鸡出现气管啰音，用同型特异性抗血清可抑制这种致病作用，从而做出鉴定。

(四)血清学诊断

1. 鸡胚中和试验 用已知的传染性支气管炎特异性抗血清同野外分离的传染性支气管炎病毒做中和试验，可以确定野外传染性支气管炎病毒的血清型。中和试验可以在鸡胚、鸡肾细胞或气管组织上进行培养。用已知传染性支气管炎病毒型的抗血清与正常血清，同稀释的野外病毒液混合，37℃作用 60min。每一混合液经尿囊腔接种 0.1mL 9～10 日龄的鸡胚，37℃孵育 7d，24 h 内死亡者废弃。孵育之后检查鸡胚，如已知抗血清型能中和该野外传染性支气管炎毒株，则该野外分离的传染性支气管炎病毒可以定型。

2. 血凝抑制试验 用磷脂酶 C 处理传染性支气管炎病毒后，即可制备血凝抗原。血凝抑制时，先将 4～8 个血凝单位抗原与倍比稀释已知血清型的血清相混合，室温下经 1 h 后，加入 0.5%～1%鸡红细胞，30～60min 后观察结果。若已知型的血清能抑制血凝作用，就可以确定该传染性支气管炎病毒的血清型。由于并非所有传染性支气管炎病毒经磷脂酶 C 处理后都可以产生血凝作用，Faragher 在澳大利亚检查了野外分离的 9 株传染性支气管炎病毒，仅有 2 株传染性支气管炎病毒有该作用，所以该法的应用有一定的局限性。

3. 琼脂扩散试验

(1)检测病死鸡体内的抗原 取鸡的气管，刮取气管中黏液，以原液或加等量盐水稀释后即可用作抗原。中间孔放入抗原，周边 4 个孔放入 4 份不同型的传染性支气管炎阳性血清，另外的 2

个孔，分别放入传染性支气管炎阴性血清和盐水。如果4份血清中有同抗原之间出现沉淀线，即可认为该黏液中含有传染性支气管炎病毒，可以诊断为传染性支气管炎。

(2)检测待检血清中抗体效价　中央孔加已知传染性支气管炎标准琼扩抗原，周边各孔加入不同稀释倍数的被检血清，抗原与被检血清之间出现沉淀线时即为阳性反应。比较疾病早期和晚期2种血清样品中沉淀抗体的量，如果晚期有明显增多，即可做出诊断。

4. 酶联免疫吸附试验(ELISA)　酶联免疫吸附试验可用于诊断鸡群的感染或免疫状态。方法是采集急性发病期和恢复期的血清，先将急性期采集的血清样品保存于－20℃，在采集到恢复期的血清后再进行试验。为了减少试验中的误差，应同时检测不同期采集的血清，若恢复期血清的抗体滴度高于急性期的抗体滴度，则表明鸡群感染了传染性支气管炎。

5. 荧光抗体技术　用传染性支气管炎荧光染色抗体来检测病料中的抗原，该项技术快速和经济，只是需要一定的设备和有经验的人员。

6. 交叉保护试验　先用已知血清型IBV毒株的疫苗点眼免疫3～6周龄的SPF鸡，4周后再用未知血清型的野外分离毒株点眼攻毒，同时设立非免疫鸡作对照组。如果免疫鸡受到保护，对照组鸡表现易感和不受保护，说明野外分离毒株与免疫的IBV毒株血清型相同。

第四节　鸡传染性喉气管炎的实验室检测

鸡传染性喉气管炎(AILT)是由鸡传染性喉气管炎病毒(AILTV)引起鸡的一种急性、接触性、呼吸道传染病。以吸气伸脖、咳嗽和咳出带有血液的分泌物以及喉头和气管黏膜肿胀、糜烂、坏死及大面积出血为特征。

一、病原学特征

鸡传染性喉气管炎病毒属疱疹病毒Ⅰ型，有囊膜，核酸为双股DNA，病毒颗粒呈球形。AILTV有不同的病毒株，在致病性和抗原性上均有差异。

病毒主要存在于病鸡的气管组织及其渗出物中。肝、脾和血液中较少见。

病毒最适宜在鸡胚中增殖，病料接种10日龄鸡胚绒毛尿囊膜，鸡胚于接种后2～12d死亡，接种的初代鸡胚往往不死亡，随着在鸡胚继代次数的增加，鸡胚死亡时间缩短。死亡胚体变小，鸡胚绒毛尿囊膜增生和坏死，形成浑浊、散在、边缘隆起、中心低陷的痘斑样坏死病灶。病毒易在鸡胚细胞及鸡肾细胞中增殖，接种后4～6h，就可引起细胞肿胀，核染色质变位和核仁变圆，胞质融合，36～48 h后，可成为多核的巨细胞(合胞体)，接种后12 h可在细胞核内检出包涵体，30～60h包涵体的密度最高。

鸡传染性喉气管炎病毒对鸡和其他动物的红细胞无凝集特性。

本病毒对乙醚、氯仿等脂溶剂均敏感。对外界环境的抵抗力不强。常用的消毒药，如3%来苏儿、1%苛性钠溶液、5%石炭酸1min可杀灭病毒，甲醛、过氧乙酸等也有较好的消毒效果。在低温(－20℃～－60℃时)能长期保存其毒力。煮沸立即死亡。

二、实验室诊断

(一)病料采集和处理

取发病初期病鸡的喉头、气管各一段，剪碎、研磨，加入生理盐水做成1∶5～10的悬液，3 000 r/min离心20min，取上清液加青霉素 1 000IU/mL、链霉素 1 000μg/mL，室温下下作用 1～2h 后备用。

（二）鸡胚接种试验

取处理的病料上清液，接种于 9～12 日龄鸡胚的绒毛尿囊膜。37℃孵育，连续观察 5d，待鸡胚死亡后立即取出（120 h 不死亡者也取出），放 4℃冷却。无菌取出绒毛尿囊膜，检查尿囊膜病变及胚体情况，再取有典型痘斑的尿囊膜，经研磨、离心等处理后，按上述方法传代，如此连续传 3～5 代。剖检鸡胚可见尿囊膜水肿、增厚，有数量不等、大小不一、不透明的灰白色痘斑，在周围细胞内可检出核内包涵体。

（三）检查核内包涵体

将病毒接种于鸡胚肾细胞单层培养，24 h 后出现细胞病变，可检出多核细胞（合胞体）、核内包涵体和坏死病变。

在疾病的早期（1～15 d），气管或眼结膜组织切片，姬姆萨氏染色，有 57％的病例可以检查到核内包涵体，借此可以帮助诊断本病，注意在固定时须用较低的 pH 值。

（四）动物接种试验

用病鸡的气管渗出物或组织悬浮液，气管内接种（或喉头涂擦接种）易感和免疫的 2 种鸡，假若易感雏鸡发病出现典型的传染性喉气管炎症状和病变，而免疫过的雏鸡不发病，即可证明是本病。

（五）血清学试验

1. 琼脂扩散试验　用分离毒制备的琼扩抗原分别与鸡传染性喉气管炎标准阳性血清、标准阴性血清在 1％～1.5％琼脂板上按常规方法打孔、加样，置 37℃湿盒中，48 h 后观察结果。如果分离病毒制备的琼扩抗原与传染性喉气管炎标准阳性血清间出现清晰的沉淀线，与标准阴性血清间无沉淀线，则说明分离病毒为鸡传染性喉气管炎病毒。

抗原制备方法：收集含有大量痘斑的尿囊膜加入少量 pH 值

7.4的PBS液中制成匀浆，经超声波裂解后，2 000 r/min离心20min，取上清液即为抗原。

2. 酶联免疫吸附试验(ELISA) 近年来，利用单克隆抗体建立酶联免疫吸附试验可以快速检出气管渗出物中的AILTV抗原。这种方法准确、简单，比病毒分离快速，而且比荧光抗体技术及免疫扩散试验检查气管中的AILTV抗原更准确。

3. 荧光抗体技术 应用荧光抗体法能有效的检出喉气管黏膜上皮涂片和喉气管黏膜切片标本中的病毒抗原。

另外，检查本病抗原和抗体的方法有中和试验、核酸探针、PCR及对流电泳技术等。

第五节 鸡传染性法氏囊病的实验室检测

鸡传染性法氏囊病(IBD)是由传染性法氏囊病毒(IBDV)引起的一种严重危害雏鸡的免疫抑制性、高度接触传染性疾病。其特征病变是法氏囊肿大、出血和肾脏肿胀并有尿酸盐沉积。

一、病原学特征

鸡传染性法氏囊病毒为双RNA病毒科。病毒粒子无囊膜，呈六角形20面体立体对称结构，仅由核酸和衣壳组成。核酸为双股双节段RNA，衣壳为单层。

IBDV有2种血清型，即Ⅰ型和Ⅱ型。血清Ⅰ型病毒是从病鸡中分离的，Ⅱ型来源于火鸡，两者在血清上的相关性低于10%，相互间的交叉保护力极差。血清Ⅰ型对鸡致病，血清Ⅱ型对鸡无致病力呈亚临床感染，2种血清型可用中和试验鉴别。

病毒耐热，耐阳光及紫外线照射。56℃加热5 h仍存活，60℃可存活0.5 h，70℃则迅速灭活。病毒耐酸不耐碱，pH值2.0经1h不被灭活，pH值12则受抑制。病毒对乙醚和氯仿不敏感。

3%煤酚皂溶液、0.2%过氧乙酸、2%次氯酸钠、5%漂白粉、3%石炭酸、3%甲醛、0.1%升汞溶液可在30min内灭活病毒。

鸡胚是培养IBDV的最好方法。采用无母源抗体或SPF鸡胚。多用7～8日龄鸡胚做卵黄囊接种，9～11日龄鸡胚做绒毛尿囊膜或尿囊腔接种。一般尿囊膜接种途径敏感。另外，可以利用鸡胚成纤维细胞培养出现细胞病变并形成蚀斑。

本病的早期，病毒存在于除脑以外的绝大多数组织器官中，以法氏囊和脾脏中病毒含量最高。人工将病毒接种于3～6周龄雏鸡，易引起感染，在接种3～4d就能在法氏囊内发现特征性病变。采血做琼脂扩散试验，大多数在感染后5～7 d便为阳性。以荧光抗体检查肾脏的冰冻切片，可在接种后6～7 d开始出现肾小球有点状荧光。

二、实验室诊断

（一）病料采集和处理

取典型病变的法氏囊组织剪碎、研磨，加入适量无菌生理盐水配成1∶5的悬液，于－20℃反复冻融3次，以4 000r/min的转速离心10min，上清液经0.22μm滤器滤过除菌，取上清液加青霉素1 000IU/mL、链霉素1 000μg/mL，于4℃感作4h后待用。

（二）鸡胚接种试验

按每胚0.2mL接种量，将处理好的病料上清液经绒毛尿囊膜途径接种9～10日龄SPF鸡胚。置37℃孵化箱继续孵化，每日照蛋检查1次，弃掉接种后48 h内死亡的鸡胚。收集接种48 h后死亡的鸡胚，接种观察至144 h，检查病变情况。感染鸡胚多在3～5d死亡，表现为胚胎发育受阻，胚体周身水肿，躯干四肢均可见出血，以头和趾部出血较为严重，尿囊膜增厚、水肿、出血，肝脏呈斑驳状坏死，脾肿大、苍白，肾水肿并有充血斑纹。

(三)血清学试验

1. 琼脂凝胶沉淀试验 本法是检测血清中特异性抗体或法氏囊组织中病毒抗原的最常用方法。

(1)病料采集 为了检出法氏囊中的抗原,无菌采取发病鸡的法氏囊,处理方法同上述病料的采集和处理,取上清液备用。

(2)IBD的标准阳性血清 可购买。

(3)琼脂板制备 称取优质琼脂1g,氯化钠8g,加入蒸馏水或无离子水100mL,加热使琼脂糖熔化,再加入1%硫柳汞1mL。取直径90mm的平皿,每个平皿中加20mL,制成厚度3~4mm的琼脂板,待凝固后放于置4℃冰箱中,可供1周内使用。

(4)打孔 用打孔器打成中央1个孔、外周6个孔的梅花形图案,并剔去孔内琼脂。孔径为3mm,孔距为3mm。

(5)封底 将琼脂板背面放到火焰上轻轻灼烧,用手背感觉微烫即可。

(6)打孔和加样 检测法氏囊中的病毒抗原,中央孔加IBD标准阳性血清。1、4孔加入已知IBD标准抗原作对照,2、3、5、6孔加入被检抗原,添加孔满为止,放入铺有数层湿纱布的带盖搪瓷盘内,置37℃恒温箱内经48 h观察结果。

(7)结果判定 在标准阳性血清与被检的抗原孔之间,有明显沉淀线者判为阳性;相反,如果不出现沉淀线者判为阴性。当标准阳性血清和已知抗原孔之间一定出现明显沉淀线时,本试验方可确认。

2. 免疫荧光抗体检查

(1)荧光抗体 可以购买。

(2)被检材料 采取病死鸡的法氏囊、盲肠扁桃体、肾和脾,用冰冻切片制片后,用丙酮固定10min。

(3)染色方法 在切片上滴加IBD的荧光抗体,置湿盒内在37℃感作30min后取出,先用pH值7.2 PBS冲洗,继而用蒸馏水冲洗，自然干燥后滴加甘油缓冲液封片（甘油 9 份，pH 值 7.2 PBS 液 1 份）镜检。

（4）结果判定　镜检见片上有特异性的荧光细胞时判为阳性，不出现荧光或出现非特异性荧光则判为阴性。

（5）注意事项　滴加标记荧光抗体于已知阳性标本上，应呈现明显的特异荧光。滴加标记荧光抗体于已知阴性标本片上，应不出现特异荧光。本法在感染 12 h 就可在法氏囊和盲肠扁桃体检出。

3. 病毒中和试验

（1）方法一　取经过处理的待检抗原液 3 份，1 份加等量阳性血清，1 份加等量阴性血清，1 份加等量生理盐水。混匀后于 37℃作用 1h，然后将混合液经绒毛尿囊膜接种 10 日龄鸡胚，每胚 0.2mL，每种混合液接种 5 枚鸡胚，逐日观察至接种后 8 d。如接种加阴性血清或灭菌生理盐水混合液的鸡胚，均于 2～6 d 死亡或呈现 IBD 的典型病变；而接种阳性血清混合液的鸡胚在观察的 8 d 内均存活，且胚胎发育正常，则待检样品中含有 IBDV。

（2）方法二　用鸡做中和试验。将被检血清在 56℃ 灭能 30min。取 1mL 被检血清与 1mL 已知阳性 IBD 抗原混合，置 37℃孵育 30～60min。将上述混合物滴入 7 只易感鸡眼内（易感鸡不含有 IBD 抗体），每只鸡滴 0.5mL，3d 后将鸡宰杀，检查其法氏囊有无病变。同时设立 IBD 阳性血清和阴性血清作对照。若被检血清采于非免疫鸡群，其阳性血清和被检血清鸡的法氏囊无病变，而阴性血清对照鸡的法氏囊出现病变时，表明被检血清的鸡已感染 IBDV。如果被检血清采于免疫鸡群，出现这种情况，说明 IBD 疫苗免疫应答较好。

4. 酶联免疫吸附试验（ELISA）　ELISA 主要用于 IBD 抗体的定量检测。试验用抗原制备技术要求条件较高，必须用纯化的或半纯化的抗原包被酶标板，目前已有商品化 ELISA 试剂盒出售，需要时可购买。

第六节　鸡马立克氏病的实验室检测

鸡马立克氏病(MD)是鸡的一种传染性肿瘤病，以淋巴组织增生和肿瘤形成为特征，外周神经、性腺、虹膜、各内脏器官、肌肉以及皮肤发生淋巴样细胞浸润和肿大。

一、病原学特征

鸡马立克氏病病毒(MDV)属疱疹病毒科，是细胞结合性病毒。病毒在体内增殖阶段，主要是细胞结合性病毒(不完全病毒)，该病毒颗粒是无囊膜的裸体病毒，存在于肿瘤细胞中，它与活体细胞紧密结合，离开了机体细胞很快就死亡，病毒也失去活性，因此其在本病的水平传播过程中的作用不明显。体内增殖的不完全病毒，经病毒血症阶段，大量进入鸡的羽毛囊上皮形成囊膜，成为完全病毒，该病毒粒子具有相当强的抵抗力，随着干燥的皮屑和羽毛脱落，在外界环境中可长时间的存活，并且在本病的水平传播中，起着极为重要的作用。

MDV按血清型可分为血清Ⅰ型、血清Ⅱ型、血清Ⅲ型。其中鸡马立克氏病特强毒、超超强毒、超强毒、强毒、弱毒株及其人工致弱株均属于血清Ⅰ型，鸡马立克氏自然无毒株属于血清Ⅱ型，而火鸡疱疹病毒属血清Ⅲ型。

新孵出的雏鸡、组织培养细胞和鸡胚，均可用来增殖和测定MDV。新生雏鸡在接种后2～4周即可在神经节、神经纤维和某些脏器中出现MD病变。鸡胚在卵黄囊接种或绒毛尿囊膜接种后，绒毛尿囊膜上出现痘样病斑。

马立克氏病病毒(不完全病毒)对化学和物理因素抵抗力均不强，对热、酸、有机溶剂、消毒药的抵抗力弱，对高温较敏感，如

56℃ 30min,60℃ 10min 即死亡。而从羽毛囊上皮细胞排出到自然界中的完全病毒,因被蛋白质和脂肪包裹着,所以抵抗力较强,生存时间长。在鸡舍的尘埃中存在的病毒,在室温下可存活 4 周以上,在鸡粪中经 16 周仍有活力,在鸡的羽毛囊皮屑中可存活 4～8 个月,在 4℃时可存活 10 年之久,并且具有感染性。在低温下病毒存活时间更长。5%甲醛及熏蒸甲醛蒸气、2%氢氧化钠、3%来苏儿、0.2%过氧乙酸及双季铵盐、碘制剂均能杀死病毒。

二、实验室诊断

(一)病料采集和处理

通常情况下,供分离马立克氏病病毒用的最适样品为肿瘤组织、肾细胞、脾细胞和血液。由于 MDV 具有高度细胞结合性,所以这些组织中的细胞必须是活细胞。

1. 血液 取可疑病鸡经心脏采血,肝素抗凝,室温静置 2h,弃掉红细胞,取上层血浆置入无菌离心管中经 1 500r/min 离心 5min,沉淀的白细胞用 Hank's 液经 10 倍稀释后备用。

2. 肿瘤 无菌摘除实质肿瘤,如肾、脾或其他肿瘤组织,用剪刀剪碎,并用 PBS 清洗数次以去除大部分红细胞,然后经胰蛋白酶作用获取单细胞悬液。离心沉淀细胞后,用 PBS 或细胞培养液悬浮细胞并调整其含量为 2×10^{6}个/0.2mL。

3. 羽毛囊 由于羽毛囊中含有有囊膜的病毒,所以是自然鸡体内分离完成病毒的唯一样品。其方法是将病鸡皮肤红肿感染处的羽毛从贴近皮肤处剪掉,然后剪下带有羽囊的皮肤称重,加入 pH 值 7.2 PBS 研磨制成 1∶5 悬液。反复冻融 4 次后,以 3 000r/min离心沉淀 10min,取上清液置低温冰箱中保存备用。

(二)病毒分离培养

病毒分离培养的方法主要有以下 3 种。

1. 雏鸡接种 雏鸡接种是分离 MDV 最敏感的方法。取

0.2mL 接种物(如病鸡的抗凝血等),经腹腔接种于1日龄无特定病原体(SPF)雏鸡,在隔离环境中饲养观察。接种后18～21d,对试验鸡进行感染检验。感染的标志是:试验鸡神经(迷走神经、臂神经及坐骨神经丛)或脏器中有肉眼可见或显微镜下的MD病变。根据剖检特征和发病率情况进行判定。

2. 鸡胚接种 将病料接种于4～5日龄的鸡胚卵黄囊内,接种后8～13d,在绒毛尿囊膜上可出现MDV引起的痘斑。

3. 细胞培养 鸡肾细胞(CK)或鸭胚成纤维细胞(DEF)对于MDV的初代分离比较敏感,而鸡胚成纤维细胞(CEF)多用于病毒的传代。将病料如抗凝血中分离的白细胞或脾细胞按10^6～10^7的接种剂量接种于已形成单层CK或DEF细胞培养中,接种后24h,洗掉接种物,加入维持液,继续培养5～14d,即可观察到MDV引起的细胞病变。但有时需要进行1～2代盲传才能观察到细胞病变。有经验的操作者可以根据蚀斑出现的时间和形态,对3种不同血清型产生的蚀斑做出大体的判断。血清Ⅲ型的蚀斑出现比较早,而且比血清Ⅰ型的大;血清Ⅱ型的蚀斑出现晚,比血清Ⅰ型的小。但最终血清型的确定,还需要用血清学特异性的单克隆抗钵、PCR或致病性试验进行鉴定。

(三)血清学诊断

常用琼脂凝胶沉淀试验,用MD阳性血清检测待检鸡羽髓中是否含有马立克氏病特异抗原。检测方法有以下2种。

1. 羽囊琼脂扩散试验 用镊子镊取羽囊(约5mm)。尖端向下,插入琼脂糖平板梅花形图案外周孔的位置上,1处1根,1只鸡用6根;中央孔滴加已知阳性血清。

2. 羽囊浸液琼脂扩散试验 选拔受检鸡含羽囊丰满的羽毛10根以上,将带有羽髓的毛根剪集于小试管内,每管加入0.5mL磷酸缓冲盐水,用玻璃棒将羽毛根压集于管底,以适当压力转动玻璃棒10多次,待浸提液浑浊后,用吸管将其移入琼脂糖平板梅花形图案外周孔内，1 个检样滴 1 个孔，中央孔滴加已知阳性血清。

3. 结果判定　如果受检羽髓内含有马立克氏病特异抗原，则血清孔与羽囊之间出现一条清晰致密沉淀线，即为阳性。在羽囊琼脂扩散试验中，1 只鸡的 6 根羽囊如有 1 根出现沉淀线，即判为阳性。

第七节　禽痘的实验室检测

禽痘(AP)是由禽痘病毒引起家禽的一种急性、接触性传染病，其特征是在家禽的无毛或少毛的皮肤上形成痘斑，或在禽的口腔、咽、喉、气管黏膜上形成纤维素坏死性假膜。前者称皮肤型鸡痘，后者称黏膜型鸡痘(白喉)。

一、病原学特征

病原是禽痘病毒，属痘病毒科禽痘病毒属。禽痘病毒包括鸡痘病毒、鸽痘病毒、火鸡痘病毒、金丝雀痘病毒、鹌鹑痘病毒、孔雀痘病毒、麻雀痘病毒等，鸡痘病毒是其代表种。在自然情况下每一种病毒只对同种宿主有易感性，不同种的禽痘之间有一定交叉保护。

鸡痘病毒能在 10～12 日龄的鸡胚成纤维细胞上生长繁殖，并产生特异性病变，细胞先变圆，继之变性和坏死。用鸡胚绒毛尿囊膜复制病毒，在接种痘病毒后的第 6 天，在鸡胚尿囊膜上形成致密的局灶性或弥漫性的痘斑，灰白色、坚实、厚约 5mm，中央为一个坏灶区。

病毒大量存在于患部皮肤或黏膜上皮细胞内，病毒对外界自然因素抵抗力相当强。上皮细胞皮屑和痘结节中的病毒在常温下可抗干燥数月不死；阳光照射数周仍可保持活力；－15℃下保存多年仍有致病性。1％氢氧化钠、1％醋酸或 0.1％升汞可于 5～

10min 内杀死该病毒。甲醛溶液熏蒸经 1.5h 可杀死病毒。

二、实验室诊断

(一)病料的采取

1. 病料采集 禽痘病毒极易从感染禽的痘斑中获得。取发病早期的皮肤、黏膜的发痘部分,在乳钵中研磨,用生理盐水或缓冲盐溶液制成 1∶5 的悬液,以 3 000r/min 离心 10min,加入青、链霉素各 1 000IU/mL,室温下作用 60min 或 4℃作用 6h 备用。如做包涵体检查,可采集一小块组织置于 10%中性甲醛缓冲液中,按常规组织学方法进行。

2. 保存 冷冻干燥和 50%甘油生理盐水可使鸡痘病毒保持活力达数年。

(二)病毒分离培养

1. 雏鸡接种 将病变组织悬液滴在划破的鸡冠、肉髯上,或将悬液用刷子涂在拔了羽毛(5～6 根)的毛囊上或刺种,5～10d 后易感鸡在接种部位出现典型的皮肤痘疹症状。

2. 禽胚接种 分离鸡痘病毒时,选取 10～12 日龄鸡胚,经绒毛尿囊膜接种,每胚 0.1mL 病毒悬液,37℃孵育 5～7d,检查绒毛尿囊膜上有无痘斑。感染后的典型病变是绒毛尿囊膜变厚,并有灶性或弥漫性白色不透明的、致密的、增生性痘斑。初代接种有时不出现典型病变,可取接种部绒毛尿囊膜做组织学或电镜检查,或将其磨碎后做成乳剂继续传代使用。

3. 细胞培养 禽痘病毒可以在禽源细胞培养物上增殖,如鸡胚成纤维细胞、肾细胞及鸭胚成纤维细胞。取培养 12～16 h 的鸡胚成纤维细胞或培养 1～2 d 的鸡肾细胞,接种病毒后 2～6 d 内产生细胞病变,细胞变圆,折光性增强,随后变性脱落。在接种后 36～48 h 出现胞质内包涵体。

(三)包涵体检查

这是诊断鸡痘的一种快速方法,一般3h内可获得结果。剪取痘病变组织、绒毛尿囊膜,在载玻片上制成涂片后,用Mopoeov或Fontana法染色,极易见到单在短链或成堆包涵体。病毒包涵体的特异性可用荧光抗体或免疫过氧化物酶来证实。

(四)血清学鉴定

1. 琼凝胶沉淀试验 取自然或人工感染后1～2周的病鸡血清作为免疫血清。将痘疹、痘疱、白喉型假膜或感染的绒毛尿囊膜做成乳剂后与抗鸡痘免疫血清做琼脂扩散试验,常可在24～48h内出现1～2条(有时多达5条)沉淀线。

2. ELISA试验 以提纯的鸡痘病毒蛋白(10mg/mL)包被反应板,检疫免疫接种或自然感染鸡的血清抗体,具有较高敏感性和特异性,可用于实际免疫监测。

3. 中和试验 于病料乳剂中加入免疫血清,感作后接种鸡胚或细胞培养物,同时设立不加血清的病毒对照。结果接种血清和病毒混合材料的鸡胚、鸡胚成纤维细胞无病变;而对照组鸡胚、鸡胚成纤维细胞出现病变,则可肯定待检病毒为禽痘病毒。

另外,应用荧光抗体或酶标抗体检测涂片或切片中的病毒粒子或病毒抗原,也可获得较好结果。

第八节 禽脑脊髓炎的实验室检测

禽脑脊髓炎(AE)又称流行性震颤病,是由脑脊髓炎病毒引起雏禽的一种病毒性传染病。以共济失调、头颈部快速震颤、两肢麻痹或瘫痪和高死亡率为特征,产蛋鸡患本病时,有短暂的产蛋率下降,一般不表现临床症状。

一、病原学特征

禽脑脊髓炎病毒(AEV)属于小 RNA 病毒科,肠道病毒属。病毒粒子具有六边形轮廓,无囊膜,呈 20 面体对称,其衣壳(或病毒粒子)由 32 或 42 个壳粒组成。

用脑组织中的病毒通过卵黄囊接种鸡胚,可在鸡胚中繁殖,感染的鸡胚萎缩,脑水肿、软化、鸡只营养不良等。

传染性脑脊髓炎病毒其不同毒株间无血清学差异,胚适应毒株与野毒株的致病性有差异,大部分野毒株为嗜肠道易经口感染雏鸡,从粪便中排毒。胚适应株失去野毒株嗜肠道特性,但呈高度嗜神经性。有一些野毒株嗜神经性较强,对幼禽产生严重的中枢神经症状和损害。

该病毒抵抗力很强,病鸡脑组织在 50%甘油中保存 90d;鸡胚和脑组织中的病毒,在 4℃~6℃冰箱中可保存数周滴度不减。病毒耐热,56℃加热 1h 或在室温下保存 1 个月仍具有感染性,在粪便中病毒可存活 4 周。1%甲醛可迅速使其灭活。

二、实验室诊断

(一)病料的采取与保存

1. 病料采集 无菌采取发病后 2~3d 症状典型的病鸡脑组织,研磨后用生理盐水制成 10%~20%乳剂,以 1 500r/min 离心 15min,收集上清液,加入青霉素和链霉素各 1 000IU/mL,然后用于接种。

2. 保存 经处理的病料悬液,可在－20℃或更低温度下保存。

(二)病毒分离培养

1. 鸡胚卵黄囊内接种 选取无禽脑脊髓炎母源抗体的 5~6 日龄鸡胚,经卵黄囊内接种,每胚 0.2mL 上清液。如在接种后

10～12 d 观察到鸡胚发生麻痹而不运动，腿部肌肉萎缩，脑积水及鸡胚死亡，则可判定病死鸡胚脑组织中含有禽脑脊髓炎病毒。如在接种 12 d 后鸡胚无病变，但在出壳后 10 d 的雏鸡出现头、颈部震颤、运动失调等特征性症状，也可证实禽脑脊髓炎病毒的存在。

2. 1 日龄雏鸡脑内接种　取上述处理的上清液脑内接种 1 日龄 SPF 雏鸡或禽脑脊髓炎易感鸡，每只接种 0.03mL 或腹腔注射 0.5mL。雏鸡于接种后 12～14 日龄开始发病，表现禽脑脊髓炎的特征性神经症状。采集有典型症状的雏鸡脑组织，作继代的种毒做系列传代。

(三)血清学诊断

1. 琼脂扩散试验　用已知的禽脑脊髓炎琼脂扩散抗原，用于检查待检禽血清中的抗体。也可用已知的禽脑脊髓炎阳性血清，同感染病毒鸡胚脑组织制备的抗原做琼脂扩散试验，检查鸡胚脑组织中的抗原。操作方法与常规的琼脂扩散试验方法相同。该法结果稳定，特异性强，简便迅速。

2. 荧光抗体试验　病毒的检查可用荧光抗体技术，直接从病鸡的脑、胰腺和腺胃中检查 AE 病毒抗原。方法是将病料制成 6～7μm 厚的冷冻切片，固定于载玻片上，空气干燥，用 4℃丙酮固定 10min，倾去丙酮液，空气干燥。用抗 AEV 的特异性荧光抗体于室温染色 30min，经 pH 值 7.4 PBS 冲洗 20min，然后加盖玻片，并用 pH 值 7.4 的缓冲甘油封片。在荧光显微镜下检查，阳性鸡的组织中可见黄绿色的荧光。

此外，还有采用病毒中和试验以及酶联免疫吸附试验(ELISA)进行诊断。其中 ELISA 法，每次可同时检测大量的血清样品，并容易输入计算机软件程序中进行处理，适用于禽场进行 AE 抗体的快速检测和评价 AE 抗体水平。

第九节 产蛋下降综合征的实验室检测

产蛋下降综合征(EDS-76)是由一种腺病毒引起的能使蛋鸡产蛋率下降的病毒性传染病。患鸡不表现明显的临床症状,而以产蛋量下降、蛋壳异常(软壳蛋、薄壳蛋、破损蛋)、蛋体畸形,蛋质低劣为特征。

一、病原学特征

产蛋下降综合征病毒属腺病毒科、腺病毒属、Ⅲ群禽腺病毒。病毒无囊膜,已知各地分离到的毒株同属一个血清型。

病毒存在于病鸡输卵管、粪便、鼻腔和咽黏膜上,能在鸡胚、鹅胚和鸭胚成纤维细胞上繁殖,可使鸭胚致死,并能达到较高的效价。

该病毒能凝集火鸡、鸡、鸭、鹅、鸽子的红细胞,而且当有特异性抗体存在时,这种血凝作用被抑制。

本病毒抵抗力较强,在不同范围 pH 值(pH 值 3～10)性质稳定,抗 pH 值范围广;加热 56℃可存活 3 h,60℃ 30min 丧失致病性,70℃ 20min 则完全灭活,在室温下至少可存活 6 个月以上,于燥状态下,25℃可存活 7d;0.3%甲醛 24 h、0.1%甲醛 48 h 可使病毒完全灭活。对乙醚、氯仿不敏感。

二、实验室诊断

(一)病原学诊断

1. 病料采集和保存 取症状明显鸡的输卵管组织,研碎后用灭菌生理盐水制成 1∶5 组织匀浆,反复冻融 3 次后,3 000r/min 离心 20min,取上清液加入青、链霉素各 2 000IU/mL,4℃作用 6h

备用。

一般将 EDS-76 病料置－40℃保存，但在 4℃时也可长期保存活性。

2. 分离培养及鉴定　初次分离 EDS-76 病毒时最好选用无 EDS-76 病毒感染的鸭胚、鹅胚或鸭、鹅的细胞培养物。取 10 日龄鸭胚经尿囊腔接种病料悬液，每胚 0.2mL，弃去 48h 前死亡的鸭胚，收获接种后 120h 的尿囊液，并进行连续盲传 4～5 代。取鸭胚尿囊液做 HA 试验，如果该尿囊液能够凝集红细胞，再用 EDS-76 抗血清做血凝抑制试验（HI），如果血凝抑制试验为阳性，则说明分离病毒为产蛋下降综合征病毒。或者采用琼扩试验对病毒做出鉴定，检查时先将病料接种于 10 日龄鸭胚，培养 96 小时后收取鸭胚尿囊液，然后与已知 EDS-76 阳性血清做琼扩。

（二）血清学诊断

主要包括 HI 抗体和琼扩抗体的测定

1. 血凝抑制试验　除了抗原用 EDS-76 病毒鸭胚尿囊液、阳性对照血清为抗 EDS-76 血清，其他所用试剂和操作方法均与鸡新城疫的血清 HI 抗体检测相同。当被检鸡的 HI 价达 1∶16 以上时即可判为阳性，疫苗高度免疫过的鸡除外。

2. 琼扩试验　本法既可用于检查病原，又可用于测定抗体。检查抗体时用已知产蛋下降综合征抗原，与待检鸡的血清做琼扩试验，并有阳性血清作对照。当对照孔出现沉淀线时，待检孔也出现了沉淀线，则判为阳性；待检孔不出现沉淀线则为阴性。

第十节　鸡病毒性关节炎的实验室检测

鸡病毒性关节炎是一种由呼肠孤病毒引起鸡的重要传染病。其主要特征是胫和跗关节上方的腱索肿大和腓肠肌腱断裂，病鸡表现行动不便，跛行或不愿走动，采食困难，生长停滞。

一、病原学特征

病原为呼肠孤病毒科、正呼肠孤病毒属的禽呼肠孤病毒。该病毒与其他动物的呼肠孤病毒在形态方面基本相同，病毒粒子无囊膜，呈20面体对称排列，直径约为75nm。

该病毒能在鸡胚中培养，以卵黄囊和绒毛尿囊膜接种效果最好，经卵黄囊接种5～7日龄的鸡胚，接种后3～5d鸡胚死亡，死胚明显出血，胚体微紫。经绒毛尿囊膜接种，可在尿囊膜上形成小坏死灶。病毒可在鸡胚原代细胞培养中增殖，包括鸡胚成纤维细胞、肝细胞、肾细胞、睾丸细胞等。Barta等一些学者认为，做蚀斑和分离病毒时，应选择鸡胚肝细胞。感染呼肠孤病毒的鸡源细胞培养物能够形成合胞体，细胞质内有包涵体。

本病毒对热稳定，病毒能耐56℃ 24 h，60℃ 8～10 h，37℃ 13～16周。对乙醚不敏感，对氯仿轻度敏感；对2%来苏儿、3%甲醛及3%过氧化氢均有抵抗力；2%～3%氢氧化钠、70%乙醇和0.5%有机碘可以灭活病毒。

二、实验室诊断

（一）病料采集和保存

用无菌棉拭子从肿胀的腱鞘、跗关节、气管、支气管采取滑液或黏液，也可自脾、肠内容物或泄殖腔采取病料，制成1∶10组织悬液进行病毒分离，但以关节、腱鞘及消化道的含毒量较高。从病变部位分离病毒时，要注意取病料的时间，感染后2周内较易分离病毒。采集的样品在用前贮存在－20℃条件下。

（二）分离培养

1. 鸡胚接种 优选的接种途径为5～7日龄鸡胚卵黄囊，每胚接种0.1～0.2mL可疑病料悬液。接种后3～5d鸡胚死亡，胚体出血，内脏器官充血、出血，胚体淡紫色。17～21d仍存活的胚略显矮小，肝、脾和心脏肿大并有坏死灶。也可接种绒毛尿囊膜，形成痘样病斑和细胞质包涵体，常于3～5d后死亡。尿囊腔途径接种效果通常不好。

2. 细胞培养　2～6周龄的鸡肾原代细胞对于培养禽呼肠孤病毒优于鸡胚成纤维细胞，也可用鸡胚肝细胞，最好选用5% CO_2的培养箱培养。

（三）血清学诊断

1. 酶联免疫吸附试验　应用ELISA双抗夹心法可以检测禽呼肠孤病毒。在人工感染后2～27d，关节滑膜、腱鞘和脾脏中病毒检出率为100%。

2. 荧光抗体法　将病鸡的腱鞘、肝、脾进行冰冻切片、丙酮固定后，用抗禽呼肠孤病毒的荧光抗体染色，荧光显微镜下可见到亮绿色的团块状抗原，据此可对本病进行诊断。

3. 琼脂扩散试验　该法是鸡病毒性关节炎最常用的诊断方法。分离到病毒后，可用已知阳性血清采用琼脂扩散试验检查特异性病原；又可用已知抗原，测定待检血清中的抗体。病毒感染2～3周后，采用琼脂扩散试验能检查出禽呼肠孤病毒的群特异性抗体。

第十一节　鸭瘟的实验室检测

鸭瘟（DP）又名鸭病毒性肠炎（DVE），是由鸭瘟病毒引起鸭、鹅的一种急性、热性、败血性传染病，其临床特征是体温升高、两腿麻痹、绿色下痢、流泪、部分病鸭头颈肿胀（俗称“大头瘟”）。病变特征是食管黏膜早期有出血点，中后期有灰黄色假膜覆盖或溃疡；肠道淋巴滤泡环状出血，泄殖腔黏膜充血、出血、水肿，有黄绿色假膜覆盖；肝脏表面有大小不等的出血点和坏死灶。

一、病原学特征

病原为鸭瘟病毒又称鸭疱疹病毒Ⅰ型，属于疱疹病毒科、疱疹病毒甲亚科。病毒粒子呈球形，直径为120～180nm，有囊膜，病毒核酸型为DNA。

病毒在病鸭体内分散于各种内脏器官、血液、分泌物和排泄物中，其中，以肝、脑和食管含毒量最高。本病毒对禽类和哺乳动物的红细胞没有凝集现象，毒株间在毒力上有差异，但免疫原性相似。

病毒能在9～14胚龄的鸭胚绒毛尿囊上生长，初次分离时，多数鸭胚在接种后5～9 d死亡，继代后可提前在4～6 d死亡。死亡的鸭胚全身呈现水肿、出血、绒毛尿囊膜有灰白色坏死点，肝脏有坏死灶。此病毒也能适应于鹅胚，但不能直接适应于鸡胚。只有在鸭胚或鹅胚中继代后，再转入鸡胚中，才能生长繁殖，并致死鸡胚。此外病毒还能在鸭胚、鹅胚和鸡胚成纤维单层细胞上生长，并可引起细胞病变，最初几代病变不明显，但继代几次后，可在接种后的24～40 h出现明显的病变，细胞透明度下降，胞质颗粒增多、浓缩，细胞变圆，最后脱落。据报告，有时还可在胞核内看到嗜酸性的颗粒状包涵体。经过鸡胚或细胞连续传代到一定代次后，可减弱病毒对鸭的致病力，但保持有免疫原性，所以可用此法来研制鸭瘟弱毒疫苗。

病毒对外界抵抗力不强，温热和一般消毒剂能很快将其杀死；夏季在直接阳光照射下9 h毒力消失；病毒在56℃ 10min即杀死；在污染的禽舍内4℃～20℃可存活5 d。对低温抵抗力较强，在－5℃～－7℃经3个月毒力不减弱，在－10℃～－20℃约经1年仍有致病力。在pH值7～9时，经6 h不降低毒力；在pH值为3和11时，则迅速被灭活。对乙醚和氯仿敏感，5%生石灰作用30min也可灭活。

二、实验室诊断

(一)病料的采集和保存

取病鸭或刚死亡鸭的肝脏或脾脏,置消毒的研磨器内,研磨碎后用磷酸缓冲液或灭菌生理盐水做1∶10稀释,经3 000r/min离心20min,取上清液,按每毫升加青霉素和链霉素各1 000IU,置室温60min。

短时间保存病料时,在4℃冰箱中可过夜;病料可于-10℃~-20℃保存1年。

(二)病毒的分离培养

1. 鸭胚接种 取上述上清液通过尿囊腔或绒毛尿囊膜接种于9~14日龄非免疫鸭胚和9~11日龄鸡胚,每胚接种0.1~0.2mL,置37℃继续孵育。如果病料中含有鸭瘟病毒,则部分鸭胚在接种后4~6d死亡。剖检致死的鸭胚,可见胚体出血、水肿,绒毛尿囊膜上有灰白色坏死灶,肝脏出血、有坏死灶。如果初次分离为阴性,需收获绒毛尿囊膜做进一步传代,经盲传2~4代后,也可分离到病毒。而接种病料后的鸡胚发育正常。

2. 易感鸭接种 取上述上清液0.5mL腿部肌内接种1日龄易感鸭,一般接种后在3~12d内发病或死亡,死亡鸭剖检后可见鸭瘟的典型病灶。

3. 细胞培养 也可将病料接种于鸭胚成纤维细胞。接种后6~8h开始能检测出细胞外病毒,60h后达到最高滴度。病毒在细胞培养上可引起细胞病理变化,细胞的特征性病变是细胞透明度降低、颗粒增加以及胞质浓缩、变圆、脱落。用吖啶橙染色,可见核内包涵体。

(三)病毒的鉴定

鸭胚死亡后收获鸭胚尿囊液,采用血清中和试验进行病毒的鉴定。其方法是:取上述分离病毒的鸭胚尿囊液(1∶100稀释)

0.5mL 与已知抗鸭瘟血清 0.5mL 混合，置室温感作 30min 后，将混合液接种入已长好鸭胚成纤维细胞培养管内，每管滴入 2 滴(0.05mL)，置 37℃作用 60min，然后将混合液吸出加入维持液，在 37℃继续培养，并设立阴性血清和空白对照。

结果判定：接种后观察 4d，若阳性血清未出现细胞病变，阴性血清对照组出现细胞病变，空白对照不出现细胞病变，试验组未出现细胞病变，则分离的病毒即认为是鸭瘟病毒；如果试验组出现细胞病变则不是鸭瘟病毒。病毒鉴定也可用雏鸭做中和试验，将分离的病毒与已知抗鸭瘟血清等量混合，置 37℃作用 60min 后，接种于健康雏鸭(无鸭瘟抗体)，每只鸭肌内注射 0.1mL。观察 10d，如试验组鸭均健活，对照组鸭死亡，也证明分离的病毒是鸭瘟病毒。

第十二节　鸭病毒性肝炎的实验室检测

鸭病毒性肝炎(DVH)是由鸭肝炎病毒(DHV)引起的幼龄雏鸭的一种高度致死性、急性传染病。其特征是发病急、传播快、死亡率高，1 周龄左右雏鸭在 2～3d 内死亡 90%以上。临床表现角弓反张，病理变化为肝脏肿大和有出血斑点。

一、病原学特征

鸭病毒性肝炎的病原为小 RNA 病毒科肠道病毒属的鸭肝炎病毒，病毒呈球形或类球形，直径在 20～40nm，无囊膜，无血凝性。

DHV 有 3 个血清型，即 1、2、3 型，病毒 3 种血清型之间无交叉保护作用。我国流行的鸭肝炎病毒主要为血清 1 型。

该病毒能在 9 日龄鸡胚尿囊中增殖，引起部分鸡胚死亡。在 12～14 日龄鸭胚尿囊腔和鸭胚细胞培养可见病毒增殖。

本病毒在自然界中有较强的抵抗力，如在污染的雏鸡舍中可存活 10 周以上，在潮湿的粪便污染物中能存活 1 个月。对一些物理因素的抵抗力也较强，在 56℃加热 1h 仍可存活，但 62℃、30min 即可灭活，37℃条件下存活 21 d；尿囊液中的病毒在 4℃可存活 700 d；病毒对消毒药有较强抵抗力，在 2%来苏儿中 37℃存活 1h，在 0.1%甲醛中能存活 8 h；2%漂白粉、1%甲醛、2%氢氧化钠 2～3 h 才能杀灭病毒。

二、实验室诊断

(一)病料的采集和保存

1. 病料的采集　感染鸭在出现明显症状之前即已形成病毒血症，各主要脏器、血液和粪便中都含有病毒，故可从任何器官和组织中分离到病毒。因肝脏是主要靶器官，所以通常肝脏为首选。无菌采取病死雏鸭肝脏，研磨后用生理盐水制成 1∶5 乳剂，低速离心后，取上清液加入 5%～10%氯仿(体积分数)，在室温下轻轻搅拌 10～15min，经 2 000r/min 离心 10min 后，吸取上清液吹打数次以使残留的氯仿挥发，然后加入青、链霉素各 1 000IU/mL，置 4℃冰箱过夜备用。

2. 保存　DHV 病料悬液最好在－50℃以下冻结保存。

(二)分离培养

1. 雏鸭接种　雏鸭接种是分离 DHV 最敏感可靠的方法。取 1～7 日龄易感雏鸭数只，经皮下或肌内接种待检肝组织悬液，通常接种后 24 h 出现鸭病毒性肝炎的典型病变，30～48 h 死亡，病变与自然感染病例相同，并可自肝脏中重新分离到 DHV，而对照组的雏鸭全部健活，即可确诊。

2. 鸭(鸡)胚接种　取 10～14 日龄无 1 型 DHV 感染鸭群的鸭胚或 8～10 日龄 SPF 鸡胚，经尿囊腔接种 0.2mL 已处理的病料悬液，1 型 DHV 感染的鸭胚在 24～72 h 死亡；鸡胚的反应有很大差异，且不稳定，一般在接种后 5～8 d 死亡。可见病变为发育阻滞，胚体矮小，全身皮下出血；伴有腹部和后肢部的严重水肿，胚肝肿胀并有坏死；死亡时间较长的胚胎中，尿囊液明显变绿，肝脏病变和发育矮小更为明显。随着病毒传代次数增加，胚胎死亡时间缩短并且较为集中，病变也更为明显。

(三)血清学诊断

血清学诊断不适用于急性暴发的 1 型 DHV 感染。然而中和试验常被用于病毒鉴定、免疫应答的检测及流行病学调查。

1. 鸭(鸡)胚中和试验 取经处理的病毒悬液与 1 型 DHV 高免血清等量混合，置室温作用 1h，然后取 0.1mL 接种于 13～14 日龄鸭胚或 8 日龄鸡胚尿囊腔；对照组接种不加抗血清的病毒液。如果接种抗血清和病毒混合液的鸭胚或鸡胚发育正常，对照组的鸭胚、鸡胚于 2～3d 死亡，死胚皮肤出血、水肿；肝肿大呈淡绿色并有坏死灶，则可证实 1 型 DHV 的存在。

2. 雏鸭中和试验 取 1～7 日龄易感鸭经皮下注射 1～2mL 1 型 DHV 高免血清或卵黄抗体，24h 后肌内注射 0.2mL 分离病毒液。另设对照组(不注射抗体)，攻毒剂量和方法相同。若注射抗体组存活 80%～100%，而对照组死亡 80%～100%，可判为 1 型 DHV 阳性。此外，用 0.2mL 病毒分离液于皮下注射 1～7 日龄易感雏鸭，对照组为具有 1 型 DHV 母源抗体的 1～7 日龄雏鸭，如果易感雏鸭 80%～100%死亡而对照组雏鸭 80%～100%存活，则也可证明 1 型 DHV 的存在。

3. 微量血清中和试验 微量血清中和试验采用固定病毒稀释血清法，在单层鸭胚肝细胞上进行，用于鸭血清抗体测定或病原的鉴定。

第十三节　小鹅瘟的实验室检测

小鹅瘟(GP)是由小鹅瘟病毒(GPV)所引起的雏鹅的一种急性或亚急性败血性传染病。临床表现为精神委顿，离群独处一隅，鼻孔流出浆液性鼻液，患鹅频频摇头，排灰黄色或黄绿色稀便，神经紊乱。主要病变为小肠中后段黏膜坏死脱落，与凝固的纤维素性渗出物一起形成栓子，堵塞肠腔。常呈败血经过，发病率和死亡率很高。

一、病原学特征

小鹅瘟病毒属细小病毒科、细小病毒属。病毒呈球形，无囊膜，呈20面体对称，核酸为单股DNA。该病毒仅有一个血清型。

病毒存在于病雏鹅的肠道内容物，肝脏、脾脏及其组织中。可在12～14日龄的鹅胚绒毛尿囊膜进行增殖并引起鹅胚死亡，死亡鹅胚绒毛尿囊膜增厚，鹅胚全身充血，尤以翅尖、两蹼、胸部毛孔、喙旁、颈背部出血较为严重，胚肝充血及边缘出血，心脏和小脑出血。

本病毒对环境抵抗力强，65℃加热30min，对病毒滴度无影响，能抵抗56℃3h。对乙醚等有机溶剂不敏感，对胰酶和pH值为3的酸性环境有一定抵抗力。

二、实验室诊断

(一)样品采集和保存

病雏鹅的肝、脾、胰、肺、排泄物、分泌物中有大量病毒。无菌采取急性期病死雏鹅的肝、脾、肾等实质脏器研磨，用PBS液或灭菌生理盐水稀释5～10倍，2 500～3 000r/min离心，取上清液，加入青霉素、链霉素各1 000IU/mL,或加庆大霉素1 000～2 000IU/mL备用。病料和鹅胚尿囊液于－8℃冰箱中至少可保存2.5年。

(二)分离培养

1. 胚胎接种 取上述病料悬液,经绒毛尿囊腔内或绒毛尿囊膜上接种12～14日龄鹅胚(无母源抗体或鹅细小病毒检查阴性),每胚0.2mL,置37℃温箱继续孵育5～8d。每日照蛋,鹅胚一般在接种后5～7d死亡。收集尿囊液和羊水供病毒鉴定。接种胚绒毛尿囊局部增厚,胚体头部和两肋皮下水肿,全身皮肤充血、出血,尤以翅尖、两蹼、胸部毛孔、喙旁、颈背部出血较为严重,胚肝充血及边缘出血,心脏和小脑出血。7d后死亡的胚胎发育受阻,胚体小。

2. 雏鹅接种 用病料悬液或鹅胚尿囊液经皮下或口接种易感雏鹅,每只0.2～0.5mL,同时设立对照。在感染后3～5d出现该病的临床症状和病变,而对照正常,即可提供诊断依据。

3. 细胞培养 鹅胚或番鸭胚的原代细胞可用于本病毒的分离。病料接种在已长成致密单层的鹅胚或番鸭胚成纤维细胞培养液中,经37℃培养3～5d,可产生明显的细胞病变,经伊红－苏木精染色,可见到核内包涵体和合胞体。

(三)血清学诊断

1. 血清保护试验 取5～10只5日龄左右的易感雏鹅,每只皮下注射抗小鹅瘟血清0.5mL,而对照组则以生理盐水代替血清,6～12 h后2组同时皮下注射含毒尿囊液0.1mL。结果试验组雏鹅应全部保护,而对照组雏鹅于2～5d内全部死亡。

2. 琼脂扩散试验 用已知抗小鹅瘟阳性血清检查待检病料的抗原,对急性发病雏鹅的检出率可达80%左右。加样时,中央孔加入抗小鹅瘟阳性血清,外周孔加入待检抗原和阳性对照抗原。如果中央孔与待检抗原孔和阳性对照抗原孔之间均形成沉淀线,说明待检抗原中含小鹅瘟病毒。

第九章　其他微生物病的实验室检测

第一节　禽支原体病的实验室检测

一、鸡败血支原体病的实验室检测

鸡败血支原体病又称鸡慢性呼吸道病，是由鸡败血支原体(MG，又称鸡毒支原体)引起鸡和火鸡的一种慢性呼吸道传染病。鸡主要表现为气管炎和气囊炎，其特征是气喘、咳嗽、流鼻液和呼吸道啰音；火鸡表现为气囊炎及鼻窦炎。

(一)样品的采集

剖杀病鸡，以无菌操作自鼻窦、气管、气囊处用棉拭子采集黏液；活鸡则可自气管用棉拭子采样分离鸡败血支原体。在发病急性期采集5～10只鸡的样品即可，慢性病鸡群需采集30份以上的样品。支原体非常容易死亡，样品采集后，应立即进行培养。若当日不能培养时，样品应处于冰冻状态。

(二)分离培养

MG在一般的培养基(如普通琼脂、鲜血琼脂或肉汤)中不生长；对青霉素和醋酸铊有抵抗力，培养基中加入这两种成分，可阻止污染细菌和真菌的生长。

1. 培养基制备　分离培养鸡源支原体，包括鸡败血支原体，可选用Frey氏培养基，制备方法如下。

①配制基础液：称取氯化钠5.0g、硫酸镁($MgSO_4 . 7H_2O$)0.2g、磷酸氢二钠1.6g、磷酸二氢钾0.1g、葡萄糖10.0g、水解蛋

白5.0g依次完全溶解于1 000mL无菌双蒸水中，分装，115℃灭菌20min，置冰箱中备用。

②液体培养基配制：430mL基础液，猪血清60mL（56℃灭能30min），烟酰胺腺嘌呤二核苷酸（NAD）1%溶液10mL（仅滑液囊支原体需要NAD），L-半胱氨酸1%溶液10mL，精氨酸盐酸盐10%溶液20mL，25%的酵母浸液10mL，青霉素1 000IU/mL，1/80醋酸铊10mL，1%酚红1～2mL。用20%氢氧化钠调节pH值7.8，过滤除菌。以上各物质中酵母液、酚红、醋酸铊溶液用115℃灭菌20min，置冰箱中备用；NAD、半胱氨酸和精氨酸溶液用0.45μm滤膜过滤，除菌后置－20℃中保存备用，临用前10min将溶化的NAD和半胱氨酸溶液混合后加入培养基中。

③固体培养基配制：在液体培养基中加入1%的优质琼脂。

2. 分离和培养 将采集样品的棉拭子浸泡于液体培养基中，经过轻微搅动之后，将棉拭子丢弃，密封装液体培养基的试管，置于37℃ 5%～10%二氧化碳和空气相对湿度为80%～90%培养箱中。也可用采集样品的棉拭子在固体琼脂平板表面涂抹，然后将琼脂平板用胶布密封。经37℃恒温箱培养，鸡败血支原体在液体培养基中培养3～4d呈轻度浑浊；在固体培养基上，2～3d后才能形成很小的菌落，3～5d后菌落直径为0.2～0.3mm。

初次分离，应每天观察培养液颜色的变化和浑浊度，如果在液体培养基中观察不到生长时，可每隔5d自传1代，连续移植3次。若培养至21d无菌生长时为阴性。当培养液变为黄色后停止培养（因为支原体对低pH值敏感），将变色后的液体培养物再接种到琼脂平板上。

MG在肉汤培养基上培养3～4d后，呈轻度浑浊，培养基颜色变黄；在固体培养基上经过3～5d培养后，可见到直径为0.2～0.3mm的小菌落，在低倍显微镜下观察，菌落为圆形、光滑，中心致密隆起呈“荷包蛋状”。菌落牢固附着于培养基上不易挑取。

(三)形态学观察

取典型菌落,涂片,染色,MG 呈多形性,姬姆萨氏染色着色良好,呈淡紫色;革兰氏染色,着色较淡,呈弱阴性。根据菌落特征和形态可做出初步诊断,进一步纯化后可做生化反应和血清学诊断。

(四)菌落血细胞吸附试验

取 0.5%鸡新鲜红细胞悬液 5mL 加入长有菌株的琼脂平板上,37℃作用 30min,用生理盐水轻轻冲洗 3 次,然后在低倍镜下观察菌落周边有红细胞吸附。

(五)生化试验

取纯培养物做生化试验,MG 能分解葡萄糖及麦芽糖产酸不产气,不发酵乳糖、卫矛醇、杨苷,不利用精氨酸,磷酸酶反应阴性,NAD 需要试验阴性。

禽主要致病性支原体的生化特征见表 9-1。

表 9-1 常见禽致病性支原体的生化特征

支原体种类	常见宿主	葡萄糖发酵	精氨酸水解	磷酸酶活性
鸡败血支原体	鸡、火鸡	发酵产酸	不水解	阴 性
滑液囊支原体	鸡、火鸡	发酵产酸	不水解	阴 性
火鸡支原体	火 鸡	不发酵	水 解	阳 性

(六)血清学诊断

对鸡群感染 MG 的监测,通常采用以下几种方法。

1. 平板凝集试验 平板凝集试验具有快速、廉价、敏感性高、重复性好的特点,感染后 7～10d 可检出阳性感染鸡。

(1)全血平板凝集试验 全血平板凝集试验是目前诊断该病的简易方法,在 20℃～25℃下进行,先滴 2 滴 MG 染色抗原于白瓷板或玻板上,再用针刺破翅下静脉,吸 1 滴新鲜血液滴入抗原中,轻轻搅拌,充分混合,将玻板轻轻左右摇动,在 1～2min 内判断结果。在液滴中出现蓝紫色凝块者可判为阳性；仅在液滴边缘部分出现蓝紫色带，或超过 2min 仅在边缘部分出现颗粒状物时可判定为疑似；经过 2min，液滴无变化者为阴性。

(2)血清平板凝集试验

①测定血清中的抗体凝集效价：首先用磷酸盐缓冲盐水将待检血清进行 2 倍系列稀释，然后取 1 滴 MG 染色抗原与 1 滴稀释血清混合，在 1～2min 内判定结果。能使抗原凝集的血清最高稀释倍数为血清的凝集效价。

②用于待检菌的鉴定：用待检菌制备抗原，与已知的支原体阳性血清做试验，可用于对待检菌的鉴定。

(3)蛋黄平板凝集试验　取新鲜鸡蛋的蛋黄用生理盐水做 1∶5 稀释，再与 MG 染色抗原做快速平板凝集试验，如发生凝集时，则可判定产蛋鸡感染了鸡败血支原体。

2. 试管凝集试验

(1)抗原　将 MG 平板凝集抗原用 pH 值 7.1～7.2、0.25%石炭酸磷酸盐缓冲液稀释 20 倍即成。

(2)操作　取 1mL 抗原、0.08mL 待检血清加入第 1 管，混匀后，自第 1 管中用移液器取 0.5mL 移入第 2 管，再加 0.5mL 生理盐水做倍比稀释，依次稀释至 1∶100。从第 4 管中取 0.5mL 弃去(表 9-2)。将稀释后的试管置 4℃过夜或 37℃孵育 18～24h，次日取出观察结果。当凝集滴度在 1∶25 或以上者，判定为阳性；1∶25 以下者为阴性。

表 9-2　支原体试管凝集试验操作

试管号	1	2	3	4
抗原（mL）	1			
血清（mL）	0.08 →	0.5	0.5	0.5
生理盐水（mL）		0.5 →	0.5 →	0.5 → 弃 0.5
血清稀释倍数	1∶12.5	1∶25	1∶50	1∶100

3. 血凝抑制(HI)试验　MG能凝集鸡的红细胞,感染MG后鸡的血清中具有血凝抑制抗体,因此可利用HI试验诊断本病。由于HI试验较复杂费时,建议HI试验用于对平板和试管凝集试验检测后的反应鸡和可疑鸡的确诊。HI试验是检测鸡败血支原体抗体最准确、最敏感的试验。

利用已知的MG抗原测定待检鸡血清中抗体效价。首先利用血凝(HA)试验测定抗原对红细胞的凝集价,然后配制4单位抗原,在血凝抑制试验中使用4个血凝单位抗原测定待检血清的血凝抑制价。一般血凝抑制价在1∶80以上判为阳性,1∶40为疑似;1∶20或以下者为阴性反应。

4. 生长抑制试验　将生长良好的液体培养物0.1mL接种于固体培养基中,使其均匀铺于培养基表面。待接种物被培养基稀释以后,将预先浸有0.02mL MG阳性血清的滤纸片置于接种区中心,同时设不加阳性血清的滤纸片作对照,37℃培养48h。抑菌环直径大于1mm者为阳性。

5. 琼脂扩散试验　用已知抗支原体的特异性抗血清与待检抗原做琼脂扩散试验,主要用于各种禽支原体的血清分型。

二、滑液囊支原体感染的实验室检测

滑液囊支原体感染是鸡和火鸡的一种急性或慢性传染病,主要损坏关节的滑液囊膜和腱鞘,引起滑膜炎、腱鞘炎及滑液囊炎。

(一)样品的采集

取急性发病鸡后肢,消毒后在无菌条件下用棉拭子或灭菌注射器取关节腔及爪垫中的渗出液。样品采集后,应立即进行培养。若当日不能培养时,样品应处于冰冻状态。

(二)分离培养

人工培养时,滑液囊支原体(MS)比鸡败血支原体(MG)对营养的要求更为严格,其生长需要烟酰胺腺嘌呤二核苷酸(NAD),

必须有血清才能生长，以猪血清为佳。为抑制杂菌生长培养基中必须加入青霉素和醋酸铊。

分离MS使用的培养基见前面MG分离所介绍的培养基处方，处方中NAD是必需的成分之一，不可缺少。

人工培养：将采集样品的棉拭子浸泡于Frey氏肉汤培养基中，同时划线接种于Frey氏固体琼脂平板表面，逐日观察菌落生长状况。

鸡胚接种：将关节渗出液用灭菌肉汤做1∶5～1∶10稀释，然后取0.1mL稀释液经卵黄囊接种5～7日龄SPF鸡胚。接种后24h内死亡的鸡胚弃去，24h后死亡的鸡胚置冰箱冷藏保存至培养结束，接种5d后仍存活的鸡胚置4℃ 4h以上致死鸡胚。抽取卵黄接种肉汤和琼脂平板做进一步分离培养。初次分离使用鸡胚接种的成功率较人工培养高。

MS在肉汤培养基中生长5～6d后培养基颜色变黄，稍浑浊。分离物初次接种固体培养基，4d后在低倍镜下观察到菌落形态为圆形、隆起、表面光滑透明、中心呈乳头状。

（三）形态学观察

取典型菌落，涂片，染色，菌体呈球形或椭圆形，姬姆萨氏染色着色良好，呈淡紫色；革兰氏染色，着色较淡，呈弱阴性。根据菌落特征和形态可做出初步诊断，进一步纯化后可做生化反应和血清学诊断。

（四）菌落血细胞吸附试验

取0.5%鸡新鲜红细胞悬液5mL加入长有菌株的琼脂平板上，37℃作用30min，用生理盐水轻轻冲洗3次，然后在低倍镜下观察菌落周边有红细胞吸附。

（五）生化试验

取纯培养物做生化试验，MS能分解葡萄糖及麦芽糖产酸不产气，不发酵乳糖、卫矛醇、杨苷，不利用精氨酸，磷酸酶反应阴性，

NAD需要试验阳性。

(六)血清学诊断

1. 生长抑制试验　将生长良好的液体培养物0.1mL接种于固体培养基中，使其均匀铺于培养基表面。待接种物被培养基稀释以后，将预先浸有0.02mL MS阳性血清的滤纸片置于接种区中心，同时设不加阳性血清的滤纸片作对照，37℃培养48h。抑菌环直径大于1mm者为阳性。

2. 平板凝集试验　同MG平板凝集试验操作，但所用抗原是MS染色抗原。目前资料表明，MS与MG之间有共同的抗原决定簇。感染MS的鸡血清，偶尔也能凝集MG的平板抗原，但感染MG的鸡血清，则很少凝集MS的平板抗原。

3. 血凝抑制(HI)试验　MS能凝集鸡的红细胞，感染后鸡的血清中含有特异性血凝抑制抗体，因此可利用HI试验将MS与MG加以鉴别。

第二节　禽曲霉菌病的实验室检测

禽曲霉菌病是真菌中的曲霉菌属引起的多种禽类的真菌性疾病，主要侵害呼吸器官。各种禽类均易感，但以幼禽多发，常呈急性、群发性暴发，发病率和死亡率较高，成年禽多为散发。本病的特征是在肺及气囊发生炎症和形成肉芽肿结节为主，偶见于眼、肝、脑等组织，故又称曲霉菌性肺炎。其病原主要为黄曲霉菌和烟曲霉菌，可能涉及的还有土曲霉菌、灰绿曲霉菌、白曲霉菌、构巢曲霉菌、黑曲霉菌等。

一、样品采集

由于曲霉菌病的大多数病原为广泛分布的腐生菌，故取病料时应无菌采集病禽肺和气囊表面的黄白色干酪样结节；也可采集其他有病变结节或囊肿的器官。如需进行组织学检查,则可采集小块组织用10%中性甲醛溶液固定,然后制成组织切片,染色、镜检。

二、显微镜检查

1. 直接涂片镜检 取气囊、肺组织上黄色结节放在载玻片上,滴加20%氧氧化钾溶液少许,用针划破病料,加盖玻片轻压,使之透明,在显微镜下观察。如见到二分叉分枝结构,有横隔、直径2～4μm平行排列的菌丝,即可做出初步诊断。

为了便于菌丝观察,可在氢氧化钾溶液中加入墨汁染液或用乳酸酚棉蓝染液染色。乳酸酚棉蓝染液配制方法为:0.025g棉蓝、1.0mL乳酸、1.0g石炭酸、2.0mL甘油溶于1.0mL蒸馏水中;配制时,先将后4种成分混合,略微加热使之溶解,然后加入棉蓝染料,待完全溶解后即可使用。本染液主要用于真菌的染色,菌丝和孢子均染为蓝色。

2. 组织切片镜检 将甲醛固定的组织病料制成切片,常规HE染色,镜检,可见菌丝染成鲜粉红色至深玫瑰红色,而组织呈黄色。多数情况下菌丝多为短的菌丝碎片,典型分生孢子只见于肺和气囊的病料。

3. 分离物直接制片镜检 挖取一小块带菌丝的菌落,置洁净载玻片上,滴1滴乳酸酚棉蓝染液,同时用一枚针小心梳理菌丝,盖上盖玻片,静置数分钟后镜检。

三、分离培养

将无菌采取的病料接种于血液琼脂培养基、沙氏琼脂培养基、马铃薯琼脂培养基或察氏培养基中;也可将病料加生理盐水用组织捣碎机捣碎,制成悬液后划线接种上述培养基。每份病料接种

2个平皿，分别置27℃和37℃恒温箱中培养。逐日检查接种平皿，连续观察10d。

常见致病性曲霉菌属的菌落形态、菌落色泽及菌落分生孢子头结构、孢子形态和颜色的显微镜检查特征如下。

1. 黄曲霉　在沙氏琼脂培养基上菌落生长较快，幼柔菌落呈白色，后呈蛋黄色，并渐变为黄绿色、深绿色乃至褐绿色；菌落表面平坦或有放射状沟纹，菌落背面常为无色或略带褐色。25℃～37℃发育最佳，10d菌落直径可达5～6mm。显微镜下观察，分生孢子穗竖立，呈疏散放射状或圆柱状。分生孢子梗的梗壁粗糙，有小突起，上部渐粗而形成顶囊，顶囊呈烧瓶形或近球形，直径通常为25～50μm。全部顶囊着生小梗，小梗为单层、双层或单层与双层并存于一个顶囊上。分生孢子在小梗上呈链状着生，分生孢子呈球形、近球形或直柱形，周围有小突起，壁粗糙似刺毛状，无色或黄绿色，直径3～6μm。有些菌丝产生菌核，随菌龄从白色变为棕黑色，有些菌丝无菌核。

2. 烟曲霉　在沙氏琼脂培养基上菌落生长较快，开始菌落为白色，呈绒毛样或棉絮样丝状菌落，2～3d内菌落变成绿色，数日后变为深绿色呈细粉末状或绒毛样外观，表明此时已形成大量孢子。菌落背面一般无色或略呈黄褐色。显微镜下观察，分生孢子梗常带绿色，壁光滑，长300～500μm、直径5～8μm。顶囊呈绿色烧瓶状，直径20～30μm。小梗为单层，紧密地生长于顶囊上部。分生孢子呈绿色、球形或近球形，表面粗糙有细刺毛，直径2.5～3.0μm。分生孢子头呈短柱状，长短不一。

四、动物试验

动物试验用于检验病变中及所分离的曲霉菌的致病力及毒力。方法是取0.1～0.2mL曲霉菌的培养物接种于家兔或雏鸡皮下或腹腔，一般接种后3～5h后发病，表现为气喘、呼吸困难，死后肺部可见到小米粒大小的结节。

五、血清学诊断

一般根据曲霉菌的某些特征即可对绝大多数曲霉菌病病原做出诊断，故血清学试验通常不用于禽曲霉菌病的诊断，但有用烟曲霉菌和黄曲霉菌制备抗原来检查试验感染火鸡体内是否存在相关抗体的报道。其他报道的血清学试验尚有琼脂凝胶沉淀试验和直接 ELISA 试验。

第十章　家禽常见寄生虫病的实验室检测

寄生虫病的实验室检验是在实验室内利用实验器材从病料中查出病原体，如寄生虫卵、幼虫、成虫等。这是诊断寄生虫病的重要手段，这种诊断包括粪、尿、血液、脑脊液、骨髓以及发病部位的分泌物和病理组织的检查等。必要时采集病料接种动物，然后从实验动物体内查虫体，有时借助尸体剖检发现特异性病变和虫体而建立诊断。

第一节　禽蠕虫病的实验室检测

蠕虫的个体较大，多寄生于肠腔中，一般肉眼可以看见，传播速度慢，病程长，多为慢性或亚临床性。由于蠕虫病的症状缺乏特异性，因此仅靠临床症状，很难做出肯定的诊断，所以在很大程度上依赖于实验室的检查，用实验室的检查方法在被检家禽的粪、血液等内容物中，寻找虫卵、幼虫、虫体或虫体碎片，并根据对所发现的虫卵等的鉴定做出正确诊断。

值得注意的是，一个正确的诊断，必须对病禽的全身状况进行全面的、综合的分析和考虑。实验室检查时，虫卵等的发现，只能说明该受检家禽体内已有某种寄生虫的寄生，但它是否是受检家禽呈现疾病的主要原因，则还需要对本病的流行病学、症状、病理等各方面做综合的分析和判断。

一、禽主要的蠕虫病

(一)鸡绦虫病

鸡绦虫病是由赖利属的多种绦虫寄生于鸡的十二指肠中引起的,常见的赖利绦虫有棘沟赖利绦虫、四角赖利绦虫和有轮赖利绦虫3种。各种年龄的鸡均能感染,其他如火鸡、雉鸡、珠鸡、孔雀等也可感染,17～40日龄的雏鸡易感性最强,死亡率也最高。

棘沟赖利绦虫和四角赖利绦虫是大型绦虫,两者外形和大小很相似,长25cm、宽1～4mm。棘沟赖利绦虫头节上的吸盘呈圆形,上有8～10列小钩,顶突较大,上有钩2列,中间宿主是蚂蚁。四角赖利绦虫,头节上的吸盘呈卵圆形,上有8～10列小钩,颈节比较细长,顶突比较小,上有1～3列钩,中间宿主是蚂蚁或家蝇。有轮赖利绦虫较短小,头节上的吸盘呈圆形,无钩,顶突宽大肥厚,形似轮状,突出子虫体前端,中间宿主是甲虫。棘沟赖利绦虫和四角赖利绦虫的虫卵包在卵囊中,每个卵囊内含6～12个虫卵。有轮赖利绦虫的虫囊也包在卵囊中,每个卵囊内含一个虫卵。

鸡由于啄食含似囊尾蚴的中间宿主而感染,并在小肠内发育为成虫。剖检可以从小肠内发现虫体。肠黏膜增厚,肠道有炎症,肠道有灰黄色的结节,中央凹陷,其内可找到虫体或黄褐色干酪样栓塞物。

鸡绦虫病的生前诊断可通过粪便检查,发现节片或虫卵为依据;也可通过剖检发现白色带状的虫体或散在的节片即可确诊。如把肠道放在一个较大的带黑底的水盘中,虫体就更易辨认。

(二)鸡线虫病

1. 鸡蛔虫病 鸡蛔虫是由禽蛔科禽蛔属的鸡蛔虫寄生于鸡的小肠内引起的,是一种常见的肠道寄生虫病。虫体较粗大,呈黄白色,虫体表皮有横纹,头端有3个唇片。雄虫长26～76mm,雌虫长65～110mm。虫卵呈椭圆形,深灰色,大小为(70～90)μm×

(47～51)μm，卵壳厚而光滑，内含1个卵细胞。

蛔虫可以在鸡体内交配、产卵，虫卵可以在鸡体内生长也可以随粪便被排出体外，在适宜条件下发育为感染性虫卵，鸡吞食被感染性虫卵污染的饲料和饮水而感染。

鸡蛔虫病的诊断需进行粪便检查和尸体剖检。粪便检查发现大量虫卵或剖检发现大量虫体时才能确诊。

2. 鸡异刺线虫病 鸡异刺线虫病是由异刺线虫寄生于鸡引起的一种常见的线虫病。由于该虫体寄生于鸡的盲肠，所以又称为盲肠虫病。

鸡异刺线虫呈淡黄色或白色，体表具有角质横纹，口孔有3个唇片围绕，食管前部呈圆柱形，后部膨大呈球形。雄虫长7～13mm，虫体尾直，末端呈刺状，有2根不等长的交合刺。雌虫体长10～15mm，尾部细长而尖。虫卵椭圆形，灰褐色，长50～70μm、宽30～39μm，两端钝圆，其中一端特别明亮，壳厚，内含单个胚细胞。

雌虫在鸡的盲肠中产卵，虫卵随粪便排出体外，在适宜的外界环境条件下，经过14～17d发育为感染性虫卵，鸡随污染的饲料、饮水、吞食了感染性虫卵后，幼虫在小肠内逸出，移行至盲肠。经过24～30d发育为成虫。另外，蚯蚓食入异刺线虫感染性虫卵后，虫卵能在其体内长期生存，鸡吞食蚯蚓后，也能感染异刺线虫。

鸡异刺线虫病诊断需进行粪便检查和尸体剖检。盲肠内容物中若发现多量异刺线虫即可确诊；实验室检查可用饱和盐水漂浮法检查粪便，发现大量虫卵即可确诊。

（三）禽吸虫病

1. 禽前殖吸虫病 本病在我国分布广泛，以华东、华南地区较为多见。多发生于春、夏两季。前殖吸虫又称输卵管吸虫，主要寄生于鸡的输卵管内，其次是法氏囊和泄殖腔内。有时也见于直肠和蛋内。除鸡外，火鸡、鸭及野禽也有寄生。新鲜虫体呈鲜红色，体扁平，前端狭小，后端钝圆，呈梨形。口吸盘呈椭圆形，腹吸盘位于虫体前1/3处。前殖吸虫的发育需要2个中间宿主，第一中间宿主为淡水螺，第二中间宿主为蜻蜓及其幼虫。家禽由于啄食含有吸虫囊蚴的蜻蜓幼虫或成虫而感染。虫体经肠道进入泄殖腔，转入输卵管或法氏囊，发育为成虫。

禽前殖吸虫病诊断：刮取输卵管或法氏囊黏膜，用水洗沉淀法或将刮取物直接压于两载玻片间镜检，找到虫体即可确诊。虫卵检查采用水洗沉淀法进行粪便检查，虫卵呈椭圆形，棕褐色，大小为(22～24)μm×13μm，卵膜薄，一端有卵盖，另一端有小刺。

2. 棘口吸虫病 棘口吸虫病是棘口科的多种吸虫寄生在家禽（尤其是水禽）肠道内引起的疾病。家禽感染棘口吸虫病较为普遍，尤其在长江流域及其以南各省、自治区更为多见。

棘口吸虫种类很多，我国已发现本科吸虫近120种。本科吸虫的主要特征是：新鲜虫体呈淡红色或淡黄色，虫体窄长呈叶形，长5～10mm、宽1～2mm，具有发达的头冠，头冠上有1或2排头棘，口、腹吸盘相距较近，腹吸盘大于口吸盘。虫卵多为椭圆形，内含许多卵黄细胞和一个较大的胚细胞，虫卵稍尖的一端有一卵盖。棘口科吸虫的生活史中都有2个中间宿主，第一中间宿主为淡水螺，第二中间宿主为淡水螺或蝌蚪等。虫卵随鸡、鸭、鹅的粪便排出体外，在水中孵化出毛蚴，侵入第一中间宿主淡水螺。在其体内经过32～50d发育为尾蚴，尾蚴离开第一中间宿主进入水中，遇到第二中间宿主淡水螺、蝌蚪或小蛙，进入其体内后形成囊蚴。家禽由于啄食有囊蚴的第二中间宿主而受感染。

棘口吸虫病诊断：尸体剖检发现虫体或生前用粪便直接涂片、水洗沉淀法或离心沉淀法找到病禽粪便中的虫卵即可做出诊断。

二、蠕虫病的实验室检验技术

以成虫期寄生的蠕虫大部分寄生于家禽的消化道，它们的卵、幼虫和某些虫体或虫体片段通常和粪便一同排出，因此粪便检查法是诊断这类蠕虫病的主要方法。在禽类，泌尿生殖器官内的寄生虫排出的虫卵等，同样出现在粪便中。

检查时所采用的粪便材料，一般应是新排出的，这样可以使虫卵保存固有的状态。有时可直接由直肠采粪，更可减少混杂污染，取得更好的效果。

（一）粪便肉眼检查法

该法多用于绦虫和蛔虫病的诊断。在消化道内寄生的绦虫常以孕卵节片整节排出体外，有时其他一些蠕虫也因寿命或驱虫药的影响等原因随粪便排出体外。粪便中的节片或虫体，其中较大者很易发现，对较小的，应将粪便收集于盆内，加入5～10倍清水，搅拌均匀，静置待自然沉淀，倒去上层液体，如此反复水洗，直至上层液体清澈为止。取沉渣置玻璃皿内，先后在白色背景和黑色背景上，以肉眼或借助放大镜寻找虫体，用铁针或毛笔将虫体挑出供检查。

检出的绦虫成虫，可用下述方法处理后观察。

①将头节和虫体末端部的孕卵节直接放入乳酸苯酚液中，透明后在显微镜下观察。乳酸苯酚液的成分为乳酸1份，石炭酸1份，甘油2份，水1份。为了在高倍镜下检查头节上的小钩，可在载玻片上滴加1滴Hoyer氏液使头节透明。Hoyer氏液的配制，在室温下依次加入50mL蒸馏水，30g阿拉伯胶，200g水合氯醛和20g甘油。有时为了及时诊断，可用生理盐水或常水做成临时的头节压片，立即可做出鉴定。

②取成熟节片直接（不经固定）置于醋酸洋红液中染色4～30min，移入乳酸苯酚液中透明，然后在显微镜下观察。醋酸洋红液的配制法：用45％醋酸配制的洋红饱和溶液97份，再加用冰醋酸配制的醋酸铁饱和液3份。此液需现用现配。

(二)粪便中虫卵检查法

1. 直接涂片检查法　涂片检查法是最简便和常用的方法,但检查时因被检查的粪便数量少,检出率也较低。也就是说,当体内寄生虫数量不多而粪便中虫卵少时,有时不能查出虫卵。

本法是在载玻片上滴1～2滴甘油水(甘油、常水等量)或清洁常水,再用牙签或火柴棒挑取少量粪便加入其中,与载玻片上的水滴混匀,除去粪渣,然后用小镊子或火柴棒,将粪液涂成略小于盖片的薄膜,薄膜厚度以能透视书报上的字迹为宜。加盖盖玻片镜检,镜检时应使光线稍暗,顺序地查遍玻片下的所有部分。

2. 集卵法　本法总的原则是利用各种方法,将分散在粪便中的虫卵集中起来,再行检查,以提高检出率,故检查的阳性率比直接涂片法高。集卵法又分为沉淀法和漂浮法2种。

(1)*沉淀法*　此法特别适用于检查粪便中的吸虫卵。因为吸虫卵比重大于水,可沉积于水底。取5g粪便置于烧杯内,加清水100mL,用玻璃棒充分搅拌均匀,用60目铜筛或双层纱布过滤到另一容器内,静置30min,倾去上层液体,保留沉淀,再加清水搅拌、静止后弃上清液,直至上清液透明无色为止。最后倾去上清液,用胶头滴管吸取沉淀于载玻片上,加盖玻片,镜检。

如果实验条件允许,可采用离心沉淀法检查。将过滤去粗渣的粪液,置于离心管中,以1 500～2 000r/min的速度离心1～2min,倾去上层液体,注入清水混匀,再离心沉淀。如此反复操作直到上层液体透明为止。最后倾去上清液,取沉淀检查。

(3)*漂浮法*　本方法主要适用于检查线虫卵。原理是利用比重大于虫卵的溶液稀释粪便,使粪便中比重小的虫卵浮集于液体表面。取粪便10g,加饱和盐水100mL,用玻璃棒充分搅拌均匀,用60目铜筛或双层纱布过滤到另一容器内(容器要求口小而深,容积不可过大,可最大限度集卵),静置30min,使虫卵集中于液面。取直径5～10mm铁丝圈与液面平行接触,蘸取表面液膜,抖落于载玻片上，加盖玻片后镜检。或将过滤后的粪液分装于试管或小瓶内，使液面凸出于管口，静止前以载玻片或盖玻片与液面接触，静止后取下，镜检。

3. 虫卵计数法 虫卵计数法可以用来粗略判断体内寄生虫的感染程度，也可用来判断药物的驱虫效果，虫卵计数的结果常以每克粪便中的虫卵数(简称 EPG)表示。常用的计数方法如下：

(1)斯陶尔氏法 该法适用于大部分虫卵的计数。在一小玻璃容器上(如小三角烧瓶或大试管)，56mL 和 60mL 处各做 1 个标记；先取 0.4%氢氧化钠溶液注入容器内至 56mL 处，再慢慢地加入被检粪便约 4g，使液面上升到 60mL 处，然后放进玻璃珠 10 余颗，塞紧容器口，充分摇动，使粪便完全破碎成为十分均匀的混悬液。然后用 1mL 刻度吸管立即吸取 0.15mL 粪液滴于 2～3 张载玻片上，覆以盖玻片，在显微镜下循序检查，统计其中虫卵总数，注意不可漏检和重复。因 0.15mL 粪液中实际含原粪量为 0.15×4÷60＝0.01(g)，因此所得虫卵总数乘以 100 即得每克粪便虫卵数。

(2)麦可马斯特氏法 本法是将虫卵浮集于一个计数室内。计数室是由两片载玻片制成。制作时为了方便，常将其一片切去一条，使之较另一片窄一些，在较窄的玻片上刻以 1cm 见方的刻度 2 个，而后选取厚度 1.5mm 的玻片切成小条垫于两玻片间，以环氧树脂黏合。计数时取粪便 2g，放在乳钵中，先加水 10mL，搅匀，再加饱和盐水 50mL。混匀后，立即吸取粪样，充满 2 个计数室，静置 1～2min，镜检计数 2 个计数室的虫卵数。计数室容积为 1×1×0.15＝0.15(mL)，0.15mL 内含粪 2÷60×0.15＝0.005(g)，2 个计数室则为 0.01g。故数得的虫卵数乘以 100 即为每克粪便中虫卵数。此法较为方便，但仅能用于线虫卵及球虫卵囊。

第二节 禽原虫病的实验室检测

原虫是单细胞生物，主要寄生于鸡的体液、组织或细胞内，个体很小，在显微镜下才能看到。对家禽危害严重的原虫病有禽球虫病、禽组织滴虫病和禽住白细胞虫病。

一、鸡球虫病

鸡球虫病是由柔嫩艾美耳属的球虫寄生于鸡肠黏膜内引起的一种原虫病。主要特征是雏鸡多发，病鸡贫血、消瘦和血痢，发病率高。病愈的雏鸡生长受阻，增重缓慢；成年鸡多为带虫者，但增重和产蛋能力降低。

(一)病 原

病原为原虫中的艾美耳科艾美耳属的球虫。世界各国已经记载的鸡球虫种类共有 13 种之多，我国已发现 9 个种。现将我国发现的 9 种球虫的寄生部位、致病力及形态特点分别描述如下。

柔嫩艾美耳球虫寄生于盲肠及其附近区域，是致病力最强的一种球虫。盲肠高度肿胀，出血严重，肠腔内充满凝血块和盲肠黏膜碎片，外观呈暗红色，浆膜面可见大量的出血斑点，后期出现硬固的干酪样肠芯。卵囊较大，多数为宽卵圆形，一端稍窄，少数呈椭圆形，其量度最大为 25μm×20μm，最小为 20μm×15μm，平均为 22.62μm×18.05μm。卵囊原生质团呈淡褐色，卵囊壁为淡黄绿色，厚度为 1.0μm。初排出的卵囊，原生质团膜边缘凹陷不平，卵囊内空隙较大。

毒害艾美耳球虫主要寄生于小肠中 1/3 段，尤以卵黄蒂的前后最为常见，是小肠球虫中致病力最强的一种。严重时可扩展到整个肠道。主要损坏小肠，小肠中段高度膨胀或“气胀”，肠壁增厚，肠腔中充满血液或血样凝块，浆膜面见有大量的白色斑点和出血斑。卵囊为中等大小，卵圆形，其量度最大为 21μm×17.5μm，最小为 14μm×10.25μm，平均大小为 16.59μm×13.5μm。卵囊壁光滑、无色，卵囊内空隙小。

巨型艾美耳球虫一般寄生于小肠中段，从十二指肠袢以下直到卵黄蒂以后，但在严重感染时，病变可扩散到整个小肠，有一定的致病作用。小肠中段肠壁增厚，黏液性血色渗出物，淤斑。大型卵囊，宽卵圆形，一端钝圆，一端较窄，其量度最大为 40μm×33μm，最小为 21.75μm×17.5μm，平均大小为 30.76μm×23.9μm。卵囊呈黄褐色，卵囊壁为淡黄色，厚度为 0.75μm。初排出的卵囊，其原生质团为圆形，边缘整齐。卵囊内空隙大，卵囊窄段的内膜变薄，比周围稍低陷，与之相对应的外膜也稍下陷。

堆型艾美耳球虫寄生于十二指肠及空肠，个别情况下可延及小肠后部。有一定的致病作用，严重感染时引起肠壁增厚和肠道出血等病变。卵囊中等大小，卵圆形，其量度最大为 22.5μm×16.75μm，最小为 15μm×12.5μm，平均大小为 18.8μm×14.5μm。卵囊无色，卵囊壁呈淡绿黄色，厚度为 1.0μm。初排出的卵囊，其原生质团为圆形，边缘整齐。卵囊内空隙较小，卵囊窄段的内膜变薄，比周围稍低陷，与之相对应的外膜也稍下陷。

和缓艾美耳球虫寄生于小肠前半段，病变一般不明显。小型卵囊，近圆形，其量度最大为 19.5μm×17μm，最小为 12.75μm×12.5μm，平均大小为 15.34μm×14.3μm。卵囊无色，卵囊壁呈淡绿黄色，厚度为 1.0μm，少数卵囊壁较厚，可达 1.25μm。初排出的卵囊，其原生质团成球形，边缘平滑，充满卵囊内，几乎不留空隙。

哈氏艾美耳球虫寄生在小肠前段，致病力较低，可能引起肠黏膜的卡他性炎症。卵囊中等大小，呈宽卵圆形，其量度最大为 20μm×18.5μm，最小为 15.5μm×14.5μm，平均大小为 17.68μm×15.78μm。卵囊无色，卵囊壁呈淡绿黄色，厚度为

1.0μm。原生质团呈圆形，边缘整齐，卵囊内空隙比堆型艾美耳球虫小，但比和缓艾美耳球虫大。

早熟艾美耳球虫寄生在小肠前1/3段，致病力低，一般无肉眼可见的病变。卵囊较大，大多数为椭圆形，其次为卵圆形，少数近圆形，其量度最大为25μm×18.25μm，最小为20μm×17.5μm，平均大小为21.75μm×17.33μm。卵囊无色，卵囊壁呈淡绿黄色，厚度为1.0μm。原生质团为圆形，边缘整齐。卵囊内的空隙小。

布氏艾美耳球虫寄生于小肠后段，盲肠根部，有一定的致病力，能引起肠道点状出血和卡他性炎症。较大型卵囊，仅次于巨型艾美耳球虫，呈卵圆形，其量度最大为28μm×21μm，最小为17.5μm×15.75μm，平均大小为22.6μm×18.5μm。卵囊壁光滑。

变位艾美耳球虫早期寄生于小肠前段，第1代和第2代裂殖子向后部移动，可延及直肠和盲肠。有一定的致病力，早期病变在十二指肠，后期则出现在小肠中段和下段，轻度感染时肠道的浆膜和黏膜上出现单个的、包含卵囊的斑块，严重感染时可出现散在的或集中的斑点。小型卵囊，大多数呈卵圆形，也有呈椭圆形。少数卵囊窄段囊壁变薄，变薄部位的边缘稍稍隆起，中间凹陷若缺口。其量度最大为19.25μm×14.87μm，最小为10.5μm×9.62μm，平均大小为14.33μm×11.75μm。

(二)球虫卵的检查

1. 设备和材料 显微镜、粪盒、平皿、病鸡粪便和病变肠管、铜筛、玻璃棒、铁丝圈(直径5～10mm)、镊子、烧杯、漏斗、载玻片、盖玻片、试管、剪刀、肠剪、饱和盐水、50%甘油生理盐水(等量混合液)。

2. 检查方法

(1)*肠黏膜直接触片法* 取有病变部位的肠管，用肠剪剪开肠管，仔细除去表层的血液和黏液后，刮取少量的黏膜，放在载玻片上,加1～2滴50%甘油生理盐水,充分调和均匀,加盖玻片后镜检。或用黏膜层直接触片,加盖玻片,先用低倍镜检查,发现卵囊后再用高倍镜检查。如见到大量球形的像似剥了皮的橘子形的裂殖体,和呈香蕉形或月牙形的裂殖子和圆形的卵囊,即可初步诊断为球虫病。必要时,还可制成染色的涂片,在高倍镜下检查,虫体更加清晰。用瑞氏或姬姆萨氏染色时,可见到裂殖体染成浅紫色,中间有一形状不规则的近似球形残体;裂殖子呈深紫色呈香蕉形或月牙形;小配子体多呈圆形,染成浅紫色,内含许多眉毛状的小配子;大配子体为圆形或椭圆形,染成浅蓝色,中间有一深紫色的细胞核;卵囊一般不着色,折光性强。

(2)粪便直接涂片法　在载玻片上滴加1～2滴50%甘油生理盐水,再用牙签或火柴棒挑取少许被检粪便加入其中,混匀,除去较大的或过多的粪渣,涂抹成一层均匀的粪液,要求是将玻片放在报纸上,能通过粪便液模糊地辨认其下的字迹为宜。在粪膜上覆以盖玻片,置显微镜下检查。检查时应按顺序查遍载玻片上所有部分。

(3)饱和盐水漂浮法　饱和盐水的制备是在大烧杯内将水煮沸加入食盐,直到食盐不再溶解为止(1 000mL水中约加入400g食盐),然后过滤、冷却、备用,若溶液中出现食盐结晶沉淀时,即证明为饱和溶液。取新鲜粪便或死鸡肠内容物约10g,放入200mL烧杯中,先加入少量饱和盐水,搅拌均匀后再加入10～20倍的饱和盐水,混合均匀,通过60目铜筛,滤入烧杯中,静置约30min,用一铁丝圈与液面平行接触,蘸取表面液膜,抖落于载玻片上,加盖玻片后镜检有无球虫卵囊。

3. 球虫卵的鉴定　一般在鸡粪便中所检出虫卵是卵囊阶段,呈卵圆形、椭圆形或近似圆形;有的略带淡绿色、黄褐色或淡白色。外层为双层的囊壁,中央有1个深色的圆形部分,周围是透明区。球虫卵囊比红细胞大。刚从机体内排出的卵囊,内含1

个球形的合子，在自然界 2～3d 后发育为孢子囊阶段，孢子囊内有 2 个子孢子。

二、禽组织滴虫病

禽组织滴虫病又叫盲肠肝炎或黑头病，是由单尾滴虫科、组织滴虫属的火鸡组织滴虫寄生于禽类的盲肠和肝脏引起的疾病。主要感染鸡和火鸡，野鸡、孔雀、珍珠鸡和鹌鹑等有时也能感染。本病主要特征是盲肠发炎、溃疡和肝表面具有特征性的坏死病灶。是严重危害养鸡业主要寄生虫病之一。

(一)病　原

火鸡组织滴虫为多形性虫体。在盲肠腔中找到的虫体近似球形，直径为 3～16μm，常见 1 根鞭毛，虫体能做节律性的钟摆状运动，虫体核呈泡状，邻近有一小的生毛体，由此长出 1 根很细的不易见到的鞭毛。组织中的虫体单个或成堆存在，呈圆形、卵圆形或变形虫样，大小为 4～21μm，无鞭毛。

(二)实验室检验

本病可根据流行病学、临床症状及特征性病理变化进行综合判断，尤其是肝脏与盲肠病变具有特征性，可作为诊断依据。还可采取病禽的新鲜盲肠内容物进行虫体检查。检查方法：从有病变的盲肠肠芯和肠壁之间，刮取少量样品置载玻片上，加少量生理盐水(37℃～40℃)混匀，加盖玻片后，立即在 400 倍光学显微镜下检查。盲肠中的组织滴虫呈球形，大小为 3～16μm，在适宜温度条件(37℃～40℃)呈现特有的急速的旋转运动，每次运动只滚过一整周的一小部分。调节好光源仔细检查，可发现虫体有 1 根细长的鞭毛。

三、禽住白细胞虫病

禽住白细胞虫病俗称“白冠病”，由住白细胞虫寄生于鸡的白细胞和红细胞内引起的一种原虫病。其主要特征是腹泻、贫血、鸡冠苍白、内脏器官和肌肉广泛性出血以及形成灰白色裂殖体结节。本病在我国南方相当普遍，常呈地方性流行。

(一)病　原

鸡住白细胞虫有两种，即卡氏住白细胞虫和沙氏住白细胞虫。其中卡氏住白细胞虫致病性强且危害较大。

卡氏住白细胞虫在鸡体内的配子生殖阶段可分为5个时期。

第一期：在血液涂片或组织印片上，虫体游离于血液中，呈紫红色圆点状或似巴氏杆菌两极着色状，也有3～7个或更多成堆排列者，大小为0.89～1.45μm。

第二期：其大小、形状与第一期虫体相似，不同之处在于虫体已侵入宿主红细胞内，每个红细胞有1～2个虫体。

第三期：常见于组织印片中，虫体明显增大，其大小为10.87μm×9.43μm。呈深蓝色，近似圆形，充满于宿主细胞的整个胞质，将细胞核挤在一边。

第四期：已可区分出大配子体和小配子体。大配子体呈圆形或椭圆形，大小为13.05μm×11.6μm，细胞质呈深蓝色，核居中呈肾形、菱形、梨形、椭圆形，大小为5.8μm×2.9μm。小配子体呈不规则圆形，大小为10.9μm×9.42μm，核几乎占去虫体的全部体积，大小为8.9μm×9.35μm，较透明，呈哑铃状、梨状。被寄生的细胞也随之增大，呈圆形，细胞核被挤压成扁平状。

第五期：其大小及染色情况与第四期虫体基本相似，不同之处在于宿主细胞核与胞质均消失。本期虫体容易在末梢血液涂片中观察到。

沙氏住白细胞虫成熟的配子体为长形，宿主细胞呈纺锤形，细胞核呈深色狭长的带状，围绕着虫体的一侧。大配子体的大小为22μm×6.5μm，呈深蓝色，色素颗粒密集，褐红色的核仁明显。小配子体的大小为20μm×6μm，呈淡蓝色，色素颗粒稀疏，核仁不明显。

(二)实验室检验

1. 血液涂片染色检查

(1)血液涂片　从翅静脉采血,滴于载玻片的一端,按常规推制成血片,干燥后,滴甲醇 2～3 滴于血膜上,使其固定(采用瑞氏液染色时,血片不必预先固定),然后用姬姆萨氏或瑞氏液染色,再用油镜检查。如果发现红细胞和白细胞内有裂殖体及大小不等的圆形配子体,在血浆中有游离的紫红色圆点状的裂殖子,即可初步诊断。

(2)姬姆萨氏染色法　取姬姆萨氏染色粉 0.5g,中性纯甘油 25mL,无水中性甲醇 25mL。先将姬姆萨氏染色粉置研钵中,加少量甘油充分研磨,再加再磨,直到甘油全部加完为止。将其倒入 60～100mL 的棕色小口试剂瓶内。在研钵中加少量的甲醇以冲洗甘油染液,冲洗液仍倾入上述瓶中,再加再洗再倾入,直至 25mL 甲醇全部用完为止。塞紧瓶塞,充分摇匀,之后将瓶置于 65℃温箱中 24h 或室温内 3～5d,并不断摇匀即为原液。染色时将原液 2.0mL 加到中性蒸馏水 100mL 水中,即为染液。染液加于血膜上染色 30min 后,用水洗 2～5min,晾干,镜检。

(3)瑞氏染色法　取瑞氏染色粉 0.2g,置棕色小口试剂瓶内,加入无水中性甲醇 100mL,加塞,置室温内,每日摇 4～5min,1 周后可用。如急用,可将染色粉 0.2g,置研钵中,加中性甘油 3.0mL,充分研匀,然后以 100mL 甲醇,分次冲洗研钵,冲洗液均倒入瓶内,摇匀即成。染色时,可将染液 5～8 滴直接加到未固定的血膜上,静置 2min,其后加等量蒸馏水于染液上,摇匀,3～5min 后,流水冲洗,晾干,镜检。

2. 组织压片检查　从内脏、肌肉上采取白色的小结节,置载玻片上,制成压片,加数滴甘油,覆以盖玻片,高倍显微镜检查,见到白细胞呈梭形,细胞核受虫体挤压偏于一侧,出现深色狭长的带状,可以确诊为鸡住白细胞虫病。

第三节　鸡螨病的实验室检测

鸡螨病是由螨虫寄生在鸡的皮肤上、皮肤内和羽管中引起的鸡的寄生虫病。无论是散养农户还是集约化养鸡场，一些体外寄生虫特别是螨病对养鸡业生产造成严重危害，尤其是集约化养鸡更为明显。

一、鸡皮刺螨病

(一)病原形态特征

鸡皮刺螨也称红螨、鸡螨。虫体呈长椭圆形，后部略宽，棕灰色，吸血后呈淡红色，俗称红螨，雌大雄小，雌虫长0.72～0.75mm、宽0.4mm；雄虫长0.60mm、宽0.32mm。口器长，螯肢1对，呈细长针状，足有4对，长而强大，均着生在躯体的前半部，足的末端均有吸盘。背部有背板，光泽明亮；体表有短毛。成虫和稚虫在晚上爬到鸡身上吸血，其余时间均躲藏在鸡舍的缝隙中。

(二)实验室检验

用镊子采集虫体样本，用实体显微镜和普通显微镜的低倍镜观察，并测量大小。根据虫体的形态特征即可鉴定。

二、鸡羽管螨病

(一)病原形态特征

鸡羽管螨病病原为羽管螨属双梳羽管螨，虫体乳白色，柔软狭长，两侧近平行。雄虫体长为0.23～0.29mm，宽0.15～0.19mm；雌虫体长为0.73～0.99mm，宽0.18～0.28mm。鸡最多感染部位依次是飞羽、覆羽、尾羽。主要寄生鸡羽毛的羽管中。

(二)实验室检验

拔出病鸡部分的翼羽和尾羽可见其管腔内多少不等地充满黄

色粉末状物，将其粉末置于低倍镜下观察，同一根管腔内可同时见到活的成虫、幼虫卵以及管屑和成虫尸骸。将成虫置于纸板上每分钟可爬行 1.5cm 左右。将寄生有虫体的羽毛拔出后，管腔内的虫体可自行爬出管腔外。

三、鸡膝螨病

(一)病原形态特征

鸡膝螨病病原有突变膝螨和鸡膝螨两种类型。突变膝螨虫体形态很小，足短，虫体呈圆形，直径不到 0.5mm，表皮具有显著的条纹，背部的横纹无间断。鸡膝螨比突变膝螨更小，体呈圆形或卵圆形，直径仅 0.3mm。

(二)实验室检验

1. 病料的采取 应在患病皮肤与健康皮肤的交界处进行刮取，虫体在这里存在的最多。先将患部剪毛，用凸刃外科刀，在酒精灯上消毒，然后在刀刃上蘸一些水或 50%甘油水，用手握刀，使刀刃与皮肤表面垂直，尽力刮取皮屑，一直刮到带有血迹为止，甚至有点轻微出血最好。切不可轻轻地刮取一些皮肤污垢供检查，这样往往检不到虫体而发生误诊。被刮部的皮肤用碘酊消毒，并将刮取物盛于平皿或试管内留供镜检。

2. 皮屑的检查法

(1)直接检查法(皮屑内活虫检查法) 在刮取皮屑时，刀刃蘸上 50%甘油水溶液或液状石蜡或清水，用力刮取，将粘在刀刃上的带有血液的皮屑物，直接涂擦在载片上，置显微镜下检查。

(2)虫体浓集法(皮屑内死虫检查法) 为了在较多的病料中检出其中较少的虫体，而提高检出率，可将病变部刮下的皮屑物放在试管内，加入 10%氢氧化钠(钾)溶液，浸泡过夜(如急待检查可在酒精灯上加热煮沸数分钟)，使皮屑溶解，虫体自皮屑中分离出来。而后静置 2h(或以 2 000r/min 离心沉淀 5min)，经沉淀后，吸取沉渣，镜检。在沉淀物中往往可以找到成虫、若虫、幼虫或虫卵。

第四节　鸡球虫耐药性检测技术

检测鸡球虫耐药性的最常用方法是鸡体实验法，该法能较为准确地反映耐药性的产生情况，但不同学者在测定球虫耐药性时所采用的标准不尽相同。

该法是将供试药物按一定的比例与饲料均匀混合后饲喂幼雏，经过一定时间后接种待检球虫卵囊，通过某些指标或标准来判断球虫的耐药性。目前采用的判定标准有卵囊产量，病变记分，相对增重率，最适抗球虫活性百分率，粪便记分，抗球虫指数等。

(一)动物及分组

试验动物为1～3周龄的雏鸡，一般使用2周龄雏鸡。所饲养鸡数量为试验用鸡数量的2倍以上。试验开始时，每只鸡分别称重，随机分组并调整各组间的个体，使组间总体重较为一致。试验分为3组：感染不给药对照组、不感染不给药对照组、感染给药试验组，各试验组的鸡只数量一般不少于5只。试验鸡从出壳到试验结束，必须在无球虫环境下饲养，笼具、饲料及饮水均应严格消毒。

(二)药　物

供试药物应在接种前2d或当天均匀拌入饲料(有的加入饮水)中连续投服，直到试验结束；若为治疗药物，接种前2d开始使用，直至试验结束。测定球虫是否产生耐药性可用推荐剂量，如果测定耐药性的程度，以推荐量的最低浓度，再以较小等级差设数个较高浓度。

(三)供试球虫

被测定的球虫，一般均应从现场鸡的粪便或肠道中收集，采集的卵囊，经纯化、繁殖，即可作为接种卵囊，若用混合卵囊接种量为

一般以每只鸡感染 $5\times10^4\sim1\times10^5$ 为宜。如果收集的卵囊不足，可经无球虫雏鸡继代繁殖后，自肠道或粪便中收集卵囊，孢子化后供试验用。对单种球虫进行耐药性测定时，每只鸡的适宜接种量为：柔嫩艾美耳球虫 $5\times10^4\sim1\times10^5$ 个，堆型、早熟、和缓、变位艾美耳球虫 1×10^6 个，巨型、布氏艾美耳球虫 $1\times10^5\sim2\times10^5$ 个，毒害艾美耳球虫为 $2\times10^4\sim3\times10^4$ 个。卵囊混悬液量以每只鸡 0.2～0.3mL 为宜。

(四)观察项目

依所采用的判断指标而有所不同，一般应记录鸡只的精神状况、饮食欲、发病率、死亡率、粪便状态、出血程度，进行粪便记分；每天收集粪便检查排出的卵囊数，检查时间因虫种而异，一般多自感染后 4～8d 开始，连续检查 7～8d。接种前称重作为初重，试验结束时称重作为末重，计算增重率和相对增重率。试验结束时剖杀，检查肠道病变，进行病变记分，并计算各组平均病变记分及病变值。

(五)耐药性判定指标及标准

1. 卵囊值

(1)以相对卵囊产值(ROP)为指标

$$ROP=\frac{感染用药组平均卵囊百万数}{感染不用药组平均卵囊百万数}\times100\%$$

ROP≥15%判为球虫具有耐药性，ROP<15 为对药物敏感。

(2)以不同处理组间卵囊产量差异显著性为指标　感染用药组和感染不用药对照组的卵囊产量，经方差分析差异不显著判为球虫具有耐药性；反之，则敏感。

2. 病变记分减少率(RLS)

$$RLS=\frac{(感染不用药对照组平均病变记分-感染用药组平均病变记分)}{感染不用药对照组平均病变记分}\times100\%$$

RLS<50%为球虫具有耐药性，RLS≥50%为对药物敏感。

各种球虫病变记分标准见表 10-1。

表 10-1　各种球虫病变记分标准

球虫种	1分	2分	3分	4分
堆型艾美耳球虫	十二指肠有小淤血点	十二指肠和小肠前半段有白色病变	小肠前半段有白色病变，水肿	出血，白色病变融合，死亡
布氏艾美耳球虫	小肠后半段有小淤血点	浓稠黏液，小肠后半段肠壁增厚	小肠后半段肠壁膨胀，内容物血染	内容物血染，小肠后半段严重膨胀，伴有黏膜出血，死亡
哈氏艾美耳球虫	小肠有小淤血点	小肠壁轻度出血	小肠前段和中段肠壁红、肿严重	小肠前段和中段极度水肿，死亡
巨型艾美耳球虫	整个小肠段有小淤血点	橘黄色黏液，整个小肠壁增厚	小肠壁膨胀	小肠极度膨胀，伴有黏膜出血，死亡
变位艾美耳球虫	整个小肠段有小淤血点，特别是前1/2段	整个小肠有白色病变，特别是前半段	整个小肠有白色病变和水肿，特别是前半段	白色出血性病变，融合，死亡
毒害艾美耳球虫	小肠中段很少有小淤血点	很多小淤血点	小肠中段轻微水肿并有小淤血点，小的白色病变	小肠中段严重水肿并有出血小的白色病变，死亡
早熟艾美耳球虫	小肠前半段肠壁稍增厚	小肠前半段肠壁增厚	小肠前半段肠壁增厚，粉红色	小肠前半段浅白色，死亡
柔嫩艾美耳球虫	很少有小淤血点	小肠有小淤血点，盲肠壁增厚	盲肠内轻度出血	盲肠壁变薄，盲肠内充满血液和肠芯

3. 增　重

(1)以感染用药组和感染不用药对照组的增重比率为指标　增重比例≥75%为球虫对药物敏感;<75%为具有耐药性。

(2)以感染用药组和不感染不用药对照组、感染不用药对照组增重的差异显著性(方差分析)为指标　感染用药组与不感染不用药组增重无显著性差异判为敏感;感染用药组与感染不用药组增重无显著性差异判为耐药。

4. 最适抗球虫活性百分率(POAA)

$$\text{POAA}=\frac{\text{感染用药组 GSR}-\text{感染不用药对照组 GSR}}{\text{不感染不用药对照组 GSR}-\text{感染不用药对照组 GSR}}$$

$$\text{GSR}=\frac{\text{笼末重}}{\text{笼初重}}$$

POAA≤50%为球虫具有耐药性,POAA>50%为对药物敏感。

5. 抗球虫指数(ACI)

ACI=(存活率+相对增重率)×100-(病变值+卵囊值)

式中:存活率(%)=试验结束时感染用药组内存活鸡只数/感染用药组总鸡数×100%;

相对增重率(%)=用药组平均增重/不感染不给药对照组平均增重×100%;

病变值=试验组平均病变记分×10;

卵囊值:盲肠球虫,根据盲肠内容物克卵囊数(OPG)换算成卵囊值;小肠球虫,根据卵囊比数换算成卵囊值,卵囊比数=(感染用药组平均卵囊百万数/感染不用药组平均卵囊百万数)×100。OPG与卵囊值的转化见表10-2,表10-3。

表 10-2　OPG 与卵囊值的转化

盲肠内容物克卵囊百万数	卵囊值
0～0.1	0
0.11～1.0	1
1.1～1.9	10
2.0～5.9	20
6.0～10.9	30
≥11	40

表 10-3　卵囊比数与卵囊值的转化

卵囊比数	卵囊值
<1.0	0
1～25	1
26～50	10
51～75	20
76～100	40

ACI≥180，判断为药物很敏感；ACI＝160～179，判断为药物良好；ACI 在 120～160 之间为药物中等有效，ACI≤120 为药物无效。

第十一章　饲料及饮水中微生物的检测

第一节　饲料中微生物的检测

一、概　述

(一)饲料微生物检验的意义

饲料微生物学检验是饲料品质控制的一个重要方面。正常条件下，饲料中微生物数量有限，但当饲料因加工不当、贮存不善或因意外事故受到微生物污染时，微生物数量会有大幅度提高，并可有致病微生物出现。

微生物污染饲料后会带来以下几个方面的危害：

①微生物繁殖过程中产生特殊的颜色和刺激性物质，使饲料具有不良的外观和不良的滋味、气味，影响饲料的适口性。

②微生物繁殖过程中会消耗大量的营养物质，使饲料营养价值降低。

③微生物繁殖过程中会产生大量有毒代谢产物，如细菌可产生内毒素或外毒素，霉菌可产生霉菌毒素，因而造成细菌毒素或霉菌毒素中毒，并可通过食物链影响人体健康。

④造成动物细菌感染或霉菌感染。

⑤扰乱动物消化道正常菌群，破坏动物消化道微生态平衡，使动物出现消化功能紊乱。

因此，检测饲料微生物指标，控制饲料微生物数量，对保证饲料卫生安全具有重要意义。

(二)饲料微生物检验的一般方法

目前,饲料微生物学检测主要包括细菌总数检测、大肠菌群检测、沙门氏菌检测及霉菌总数检测。

饲料细菌总数是指1g(或1mL)饲料中细菌的个数,但不考虑细菌的种类。细菌总数的高低反映了饲料的清洁度及对动物潜在的危险性。细菌总数越高,表明饲料卫生状况越差,动物受细菌危害的可能性越大。饲料中的细菌总数,我国采用营养琼脂培养—菌落计数法测定。因此,所说的饲料细菌总数实际为菌落总数,即饲料中的活菌数。

科学研究证明,大肠菌群都是直接或间接来自于人和温血动物的粪便,因此如在饲料中检出大肠菌群,表明饲料曾受到过人或温血动物粪便的污染。由于大肠菌群与肠道致病菌来源相同,而且在一般条件下,大肠菌群对外界的抵抗力及在环境中的生存时间与主要肠道致病菌一致,所以大肠菌群既可作为饲料是否受到人或温血动物粪便污染的标志,也可作为饲料是否受到肠道致病菌污染的指示菌。大肠菌群在环境中广泛存在,饲料中检出大肠菌群,仅说明饲料曾受到过人或温血动物粪便的污染,但并不表示一定有致病菌存在,这存在一个污染程度即菌量问题。大肠菌群污染程度越高,致病菌存在的可能性就越大,因此我国食品卫生和饮水卫生都对大肠菌群量做了严格限制。目前,大肠菌群的检测多采用发酵法,即根据大肠菌群的培养特征,运用统计学方法推算出样品中大肠菌群的最可能数。

沙门氏菌是重要的肠道致病菌,在饲料中不得检出。饲料中沙门氏菌的检测是根据其生化特征并结合血清学鉴定方法进行。

霉菌总数的检测采用适合霉菌生长而不适宜细菌生长的高渗培养基培养,菌落计数法测定,结果表示的是饲料中的活菌孢子数。霉菌毒素对动物具有强烈的毒害作用,直接检测饲料中的霉菌毒素具有重要意义,但由于霉菌毒素种类繁杂多样,检测过程比较麻烦，有些霉菌毒素还没有理想的检测方法，甚至在某些霉变饲料中现在还根本不清楚都存在着哪些霉菌毒素，所以检测饲料霉菌污染程度即霉菌总数就显得非常必要。霉菌毒素是霉菌的代谢产物，饲料霉菌总数越高，饲料受霉菌毒素污染的可能性就越大。

二、饲料中细菌总数的检验方法 GB/T 13093—2006

（一）适用范围

本方法适用于饲料中细菌总数的测定。

（二）原　理

将试样稀释至适当浓度，用特定的培养基，在30℃±1℃下培养72±3h，计数平板中长出的菌落数，计算每千克试样中的细菌数量。

（三）仪器、设备

天平、往复式振荡器、干热灭菌箱、高压蒸汽灭菌器、冰箱、恒温箱、可调式电炉、平皿、吸管（容量为1mL、10mL）、三角烧瓶（容量为250mL、500mL）、玻璃珠、试管、水浴锅、酒精灯、试管架、橡皮乳头。

（四）培养基和稀释液

除特殊规定外，所用化学试剂为分析纯；生物制剂为细菌培养用；水为蒸馏水或无离子水。要求在试验条件下，所用试剂应无抑制细菌生长的物质存在。

1. 稀 释 液

成分：氯化钠8.5g、蛋白胨1.0g、蒸馏水1 000mL。

制法：将上述成分加热溶解，校正pH值使其在灭菌后保持7.0±0.2。按9mL/支分装于试管，90mL/瓶分装于三角烧瓶中，塞上棉塞包扎后用121℃±1℃高压灭菌20min。

2. 平板计数用培养基

成分：蛋白胨 5.0g、酵母浸膏 2.5g、无水 D-葡萄糖 1.0g、琼脂 9～18g、蒸馏水 1 000mL。

制法：将上述成分加热溶解，校正 pH 值使其在灭菌后保持 7.0±0.2。过滤、分装于三角烧瓶中，包扎后 121℃±1℃高压灭菌 20min。

(五)操作步骤

1. 采样　采样时必须特别注意样品的代表性和避免采样时的污染。首先准备好灭菌容器和采样工具，如灭菌牛皮纸袋或广口瓶、金属勺和刀，在卫生学调查基础上，采取有代表性的样品，样品采集后应尽快检验，否则应将样品放在低温干燥处。

根据饲料仓库、饲料垛的大小和类型，分层定点采样，一般可分三层五点或分层随机采样，不同点的样品，充分混合后，取 500g 左右送检，小量贮存的饲料可使用金属小勺采取上、中、下各部位的样品混合。

海运进口饲料采样：每一船舱采取表层、上层、中层及下层 4 个样品，每层从 5 点取样混合，如船舱盛饲料超过 10 000t，则应加采 1 个样品。必要时采取有疑问的样品送检。

2. 试样稀释及培养

(1)无菌称取试样 10.0g，放入含有 90mL 稀释液的灭菌三角烧瓶内(瓶内预先加有适当数量的玻璃珠)。经充分振摇，制成 1∶10 的均匀稀释液。最好置振荡器中以 8 000～10 000r/min 的速度处理 2～3min。

(2)用 1mL 灭菌吸管吸取 1∶10 稀释液 1mL，沿管壁慢慢注入含有 9mL 稀释液的试管内(注意吸管尖端不要触及管内稀释液)，振摇试管，混合均匀，作成 1∶100 的稀释液。

(3)另取一支 1mL 灭菌吸管，按上述操作顺序，做 10 倍递增稀释，如此每递增稀释 1 次，即更换 1 支吸管。

(4)根据饲料卫生标准要求或对试样污染程度的估计，选择2～3个适宜稀释度，分别在做10倍递增稀释的同时，即以吸取该稀释度的吸管移1mL稀释液于灭菌平皿内，每个稀释度做2个平皿。

(5)稀释液移入平皿后，应及时将凉至46℃±1℃的平板计数用培养基(可放置46℃±1℃水浴锅内保温)注入平皿约15mL，小心转动平皿使试样与培养基充分混匀。从稀释试样到倾注培养基之间，时间不能超过30min。

(6)待琼脂凝固后，倒置平皿于30℃±1℃恒温箱内培养72±3h取出，计数平板内菌落数目，菌落数乘以稀释倍数，即得每克试样所含细菌总数。

3. 菌落计数方法 做平板菌落计数时，可用肉眼观察，必要时借助于放大镜检查，以防遗漏。在计数出各平板菌落数后，求出同一稀释度两个平板菌落的平均数。

(六)菌落计数的报告

1. 计数原则 选取菌落数在30～300之间的平板作为菌落计数标准。每一稀释度采用2个平板菌落的平均数，如2个平板其中一个有较大片状菌落生长时，则不宜采用，而应以无片状菌落生长的平板作为该稀释度的菌落数，如片状菌落不到平板的一半，而另一半菌落分布又很均匀，即可计算半个平板后乘2以代表全平板菌落数。

2. 稀释度的选择

(1)应选择平均菌落数在30～300之间的稀释度，乘以稀释倍数报告之。

(2)如有两个稀释度，其生长的菌落数均在30～300之间，视两者之比如何来决定，如其比值小于2，应报告其平均数；如大于2，则报告其中较小的数字。

(3)如所有稀释度的平均菌落数均大于300，则应按稀释度最高的平均菌落数乘以稀释倍数报告之。

(4)如所有稀释度的平均菌落数均小于30,则应按稀释度最低的平均菌落数乘以稀释倍数报告之。

(5)如所有稀释度均无菌落生长,则以小于1乘以最低稀释倍数报告之。

(6)如所有稀释度的平均菌落数均不在30～300之间,其中一部分大于300或小于30时,则以最接近30或300的平均菌落数乘以稀释倍数报告之。

3. 结果报告 菌落在100以内时,按其实有数报告;大于100时,采用2位有效数字,在2位有效数字后面的数值,以四舍五入方法计算。为了缩短数字后面的零数,也可用10的指数来表示。

三、饲料中霉菌的检验方法 GB/T 13092—2006

(一)适用范围

本方法适用于饲料中霉菌的检验。

(二)原 理

根据霉菌生理特征,选择适宜于霉菌生长而不适宜于细菌生长的培养基,采用平皿计数方法,测定霉菌数。

(三)设备及材料

天平、显微镜、恒温箱、冰箱、高压蒸汽灭菌器、干燥箱、水浴锅、往复式振荡器、微型混合器、电炉、酒精灯、接种环、温度计、载玻片、盖玻片、乳钵、试管架、三角烧瓶(容量为250mL、500mL)、试管、平皿、吸管(容量为1mL、10mL)、玻璃珠、广口瓶(容量为100mL、500mL)、金属勺、刀等。

(四)培养基和稀释液

除特殊规定外,所用化学试剂为分析纯或化学纯;生物制剂为细菌培养用;水为蒸馏水。

1. 高盐察氏培养基

成分:硝酸钠 2g、磷酸二氢钾 1g、硫酸镁($MgSO_4 \cdot 7H_2O$)0.5g、氯化钾 0.5g、硫酸亚铁($FeSO_4 \cdot 7H_2O$)0.01g、氯化钠 60g、蔗糖 30g、琼脂 20g、蒸馏水 1 000mL。

制法:加热溶解,分装后用 115℃高压灭菌 20min。

2. 稀释液

成分:氯化钠 8.5g、蒸馏水 1 000mL。

制法:加热溶解,分装后 121℃高压蒸汽灭菌 20min。

高盐察氏培养基、0.85%灭菌氯化钠溶液。

(五)操作步骤

1. 采样 采样时必须特别注意样品的代表性和避免采样时的污染。首先准备好灭菌容器和采样工具,如灭菌牛皮纸袋或广口瓶,金属勺和刀,在卫生学调查基础上,采取有代表性的样品。样品采集后应尽快检验,否则应将样品放在低温干燥处。

根据饲料仓库、饲料垛的大小和类型,分层定点采样,一般可分三层五点或分层随机采样,不同点的样品,充分混合后,取 500g 左右送检,小量贮存的饲料可使用金属小勺采取上、中、下各部位的样品混合。

海运进口饲料采样:每一船舱采取表层、上层、中层及下层四个样品,每层从 5 点取样混合,如船舱盛饲料超过 10 000t,则应加采 1 个样品。必要时采取有疑问的样品送检。

2. 试样稀释及培养

(1)无菌称取试样 25g,放入含有 225mL 稀释液的灭菌三角烧瓶内,置振荡器上振摇,即制为 1∶10 的稀释液。

(2)用灭菌吸管吸取 1∶10 的稀释液 10mL,注入带玻璃珠的试管中,置微型混合器上混合 3min,或注入试管中,另用带橡皮头的灭菌吸管反复吹吸 50 次,使霉菌孢子分散开。

(3)取 1∶10 稀释液 1mL,注入含有 9mL 灭菌稀释液的试管内,另取一支的灭菌吸管反复吹吸 5 次,此液为 1∶100 的稀释液。

(4)按上述操作顺序,做 10 倍递增稀释,如此每递增稀释 1 次,即更换 1 支吸管。根据对试样污染程度的估计,选择 3 个适宜稀释度,分别在做 10 倍递增稀释的同时,吸取该稀释度的稀释液 1mL 于灭菌平皿内,每个稀释度做 2 个平皿。然后将凉至 46℃左右的高盐察氏培养基注入平皿约 15mL,充分混合,待琼脂凝固后,倒置于 25℃～28℃±1℃恒温箱中,培养 3d 后开始观察,应培养观察 1 周。

3. 计数方法 通常选取菌落数在 30～100 个之间的平皿进行计数,同一稀释度的 2 个平皿的菌落平均数乘以稀释倍数,即为每克(或每毫升)检样中所含霉菌数。

4. 结果报告 每克(或每毫升)饲料中霉菌数以 CFL/g(ml)表示。

第二节 水中细菌总数的测定

细菌总数的测定是检测水样是否符合饮用水标准,被测水样中的细菌总数可说明其被有机物污染的程度,细菌数越多,有机物质含量越大。细菌总数是指 1mL 水样在普通牛肉膏蛋白胨琼脂培养基中 37℃,经过 24h 培养后,所生长菌落数。我国规定 1mL 自来水中的细菌总数不得超过 100 个。

一、基本原理

用平板菌落记数技术测定水中细菌总数。由于水中细菌种类繁多,它们对营养和其他生长条件的要求差别很大,不可能找到一种培养基在一种条件下,使水中所有细菌均能生长繁殖,因此,以一定的培养基平板上生长出来的菌落,计算出来的水中细菌总数仅是一种近似值。目前一般是采用普通牛肉膏蛋白胨琼脂培养基。

二、器 材

蒸馏水、牛肉膏蛋白胨琼脂培养基、灭菌三角烧瓶、灭菌带玻璃塞瓶、灭菌培养皿、灭菌吸管、灭菌量筒。

三、操作步骤

(一)水样的采取

1. 自来水 先将自来水水龙头用火焰灼烧 3min 灭菌,再开放水龙头 5min 后,以灭菌三角烧瓶接取水样,以待分析。

2. 湖水、池水 应取距水面 10～15cm 的深层水样,先将灭菌的带玻璃塞瓶,瓶口向下浸入水中,然后翻过来,除去玻璃塞,水即流入瓶中,盛满后,将瓶塞盖好,再从水中取出,最好立即检查,否则需放入冰箱中保存。

(二)细菌总数的测定

1. 自来水

①用灭菌吸管吸取 1mL 水样,注入灭菌平皿中,共做 2 个平皿。

②分别倾注约 15mL 已融化并冷却到 45℃左右的牛肉膏蛋白胨琼脂培养基,并立即在桌上做平面旋摇平皿,使水样与培养基充分混匀。

③另取一空的灭菌平皿倾注牛肉膏蛋白胨琼脂培养基约 15mL,作空白对照。

④待培养基冷却凝固后,翻转平皿,使底面向上,置于 37℃恒温箱内培养 24h。

2. 湖水、池水

①稀释水样：以无菌操作方法吸取 1mL 充分混匀的水样，注入盛有 9mL 灭菌水的试管中，混匀成 1∶10 稀释液。吸取 1∶10 的稀释液 1mL 注入盛有 9mL 灭菌水的试管中，混匀成 1∶100 稀释液，依次类推。一般中度污秽水样做 10^{-1}、10^{-2}、10^{-3} 共 3 个稀释度；污秽严重做 10^{-2}、10^{-3}、10^{-4} 共 3 个稀释度。

②自最后 3 个稀释度的试管中各取 1mL 稀释水分别注入灭菌平皿，每一个稀释度做 2 个平皿。

③分别倾注约 15mL 已融化并冷却到 45℃左右的牛肉膏蛋白胨琼脂培养基，并立即在桌上摇匀平皿。

④待培养基冷却凝固后，倒置于 37℃恒温箱内培养 24h。

(三)菌落计数方法

1. 自来水　可用眼睛直接观察，2 个平板的平均菌落数即为 1mL 水样中的细菌总数。

2. 湖水、池水　通常选择菌落数在 30～300 之间的平板作为菌落总数测定标准。同一稀释度的 2 个平皿的菌落平均数乘以稀释倍数，即为 1mL 水样中的细菌总数。详细计数方法和计数报告参考饲料中细菌总数的测定相关内容。

主要参考文献

[1] 韦选民，任蕊萍．动物疾病实验室检验手册[M]. 北京：中国农业出版社，2006.4.

[2] 马兴树．禽传染病实验室诊断技术[M]. 北京：化学工业出版社，2005.

[3] 塞弗(Saif，Y.M.). 苏敬良，高福，索勋主译．禽病学[M]. 北京：中国农业出版社，2005.

[4] 甘孟侯．中国禽病学[M]. 北京：中国农业出版社，1999.

[5] 宋铭忻，张龙现．兽医寄生虫学[M]. 北京：科学出版社，2009.

[6] 于力，于康震，王西川，等．兽医微生物学[M]. 北京：中国农业出版社，1998.

[7] 殷震，刘景华．动物病毒学[M]. 北京：科学出版社，1997.

[8] 张西臣，李建华．动物寄生虫病学[M]. 北京：科学出版社，2010.